그 길에
서면
알게 되는
것들

CAMINO DE SANTIAGO
그 길에 서면 알게 되는 것들

1판 1쇄 | 2015년 11월 25일
2판 1쇄 | 2019년 7월 16일

지은이 | 이철수
고 문 | 김학민
펴낸이 | 양기원
펴낸곳 | 학민사

등록번호 | 제10-142호
등록일자 | 1978년 3월 22일

주소 | 서울시 마포구 토정로 222 한국출판콘텐츠센터 314호(04091)
전화 | 02-3143-3326~7
팩스 | 02-3143-3328

홈페이지 | http://www.hakminsa.co.kr
이메일 | hakminsa@hakminsa.co.kr

ISBN 978-89-7193-231-5 (13980), Printed in Korea

이 도서의 국립중앙도서관 출판시도서목록(CIP)은 e-CIP홈페이지(http://www.no.go.kr/ecip)와
국가자료공동목록시스템(http://nl.go.kr/kolisnet)에서 이용하실 수 있습니다.
(CIP제어번호 : CIP2015029547)

CAMINO DE
SANTIAGO

그 길에
서면
알게 되는
것들

글 · 사진 — 이철수

학민사
Hakmin Publishers

들어가는 글

언제쯤인가 나이가 들어가는 것을 느끼게 되는 시기가 있다. 그 시기는 아마도 주위를 보면 알게 된다. 직장이나 모임에서 주위에 나보다 어린 사람들이 하나둘씩 늘어 가면 그때가 된 것으로 본다. 그러면서 또 하나 아쉬운 것이 하나둘씩 생기게 된다. 그것은 아마도 어떠한 이유에서든 내가 하지 못한 것에 대한 것들로 생각된다. 경제적인 이유로 못해본 것에 대한 아쉬움이나 후회는 없다. 어쩌면 그 부분은 내가 어떻게 할 수 없는 부분으로 생각하게 된다. 하지만 나의 게으름과 나태함으로 못해본 것에 대한 아쉬움은 상당히 크다.

나름대로 어느 정도 안정된 생활을 하고 있다고 하는데 몇 년 동안 해보고 싶은 것이 있었다. 2000년 무렵에 내가 인터넷이란 것을 알게 되고 우연히 검색을 하다가 본 것이 산티아고 가는 길Camino De Santiago이다. 그냥 신기했다. 많은 사람들이 무작정 800㎞정도를 걸어서 간다는 것이다. 그리고 그것이 순례길이라고 한다. 내가 종교를 갖고부터 더욱 더 희망하고 소망하는 것이 되었다. 지금은 한 달간의 시간을 낼 수 없지만 언젠가 한 달간의 시간만 주어진다면 가장 먼저 해 보리라는 생각을 갖고 있었다. 아무도 모르게 마음으로만 준비하고 있었다.

그런데 그 시기가 어느 날 조용히 다가왔다. 직장에서 행정연수제도가 생긴 것이었다. 그리고 나에게 그 기회가 왔다, 그런데 막상 기회가 왔지만 어떻게 해야 될지를 몰랐다. 구체적인 계획은 아예 없었고 마음만 있었던 것이었다. 지금 필요한 것이 무엇인가 생각했다. 용기다. 처자식도 부모도 당분간 잊어버릴 수 있는 용기가 필요하다고 생각했다. 말을 했다. 떠나겠노라고 그랬더니 다녀오라고 한다. 차라리 가지 말라고 하면 좋겠다는 생각도 들었다.

이제는 떠나야 한다. 그래서 떠났다. 그리고 부산을 왕복할 수 있는 거리를 걸었다. 걸으면 무언가 얻을 수 있을 거라 생각했다. 그

당시는 아무 것도 얻은 것이 없었다. 몸무게가 거의 15kg가 왔다 갔다 했고, 후유증으로 약 2주간 몸살을 앓고 난 후에 정신을 차리고 보니 인생에 대해 조금은 알 것 같았다. 산티아고 가는 길에서 여러 장의 길에 관한 사진을 찍었지만 인생에도 여러 가지 길이 있고 필요 없는 것은 없다는 것을 알게 되었다.

어느 순간 깨닫게 되었다. 내가 제일 늦게 출발한 것 같았는데 돌아보면 내 뒤에 오는 사람이 있다. 그리고 아주 빨리 출발했다고 생각했는데 내 앞에 가고 있는 사람의 뒷모습을 보게 된다. 인생살이가 다 마찬가지다. 까미노를 걸으면서 무수히 많은 사람들이 스쳐 지나갔고, 그 안에서 인연을 맺어 몇몇 친구들을 만났다. 때로는 곁에 있는 이들에게 위로와 격려를 받으며 의지하기도 하지만, 다들 자신의 한계와 고독한 싸움을 벌이면서 묵묵히 자기 길을 계속해 걸어 나아간다. 까미노에서 나는 우리네 인간들의 삶을 한순간 스윽 통과하고 온 듯하다.

이 책은 그때, 그곳에서 겪은 소중한 경험들을 내가 다니는 연희동 성당의 소식지 〈한마음〉에 옮겨 게재하였던 글들을 정리하여 펴낸 것이다. 특별하지 않은 글솜씨에 망설이기도 하였지만, 주위의 권유로 용기를 내었다. 2015년 1판 낼 때 당시 건강이 좋지 않은 중에도 원고를 꼼꼼히 살펴준 아내는 지금도 믿어지지 않지만, 굳이 표현하자면 선녀와 나무꾼의 이야기처럼 어느 날 날개옷을 찾아 하늘로 떠나간 지 1년이 다 되어간다.

이번 2판을 내게 된 것은 2016년에 걸어서는 아니지만 아내와 함께 산티아고에 다녀온 기억을 Chapter 15에 담고 싶었다. 아내 양현주 글라라에 대한 그리움을 조금이나마 달래보고자 함이다.

2019년 6월

이 철 수

CONTENTS

그 길에 서면 알게 되는 것들

SANTIA

DE COMPOS

GO
ELLA

어느 순간 깨닫게 되었다.
제일 늦게 출발한 것 같았는데 돌아보면 내 뒤에 오는
사람이 있다. 제일 먼저 출발했다고 생각했는데
가다보면 내 앞에 있는 사람의 뒷모습을 보게 된다.

그리고 알게 되었다. 그 길에 선 이유를...

젊은 날의 동경,
그 길목에서

⋮

우연히 알게 되었던 첫 순간부터
내 마음을 꽉 움켜쥐었던 곳, 산티아고!
내 마음 한구석에 자리를 잡고서
10여 년간 더욱 깊숙이 뿌리내리며
목마름을 느끼게 했던 바로 그곳,
산티아고 데 콤포스텔라 Santiago de Compostella.

지난 가을 나는 아주 특별한 계절을 살았다. 우연히 알게 되었던 첫 순간부터 내 마음을 꽉 움켜쥐었던 곳, 산티아고! 내 마음 한구석에 자리를 잡고서 10여 년간 더욱 깊숙이 뿌리내리며 목마름을 느끼게 했던 바로 그곳, 산티아고 데 콤포스텔라Santiago de Compostella에 다녀왔다.

보통 산티아고라고 불리는 산티아고 데 콤포스텔라는 스페인 북서쪽에 위치한 곳으로, 10년 전만 해도 한국에 거의 알려져 있지 않았다. 관련된 자료도 별로 없었고 다녀온 사람도 찾기 힘들었다.

고생스럽지만 좋은 경험을 하고 돌아왔다는 이야기를 듣고 그 사람에게 경외심과 부러움을 많이 느꼈다. 그리고 그 순간 결심했던 것 같다. '언제가 나도 꼭 그곳에 가보리라.'

하지만 직장생활을 하고 아이를 키우며 살다보니 그 결심은 점점 막연한 꿈이 되어갔다. 그렇게 세월만 쌓여가던 어느 날 불쑥 그곳에 갈 수 있는 기회가 찾아왔다. 줄곧 마음에 담고 살았음에도 10년이 넘도록 나는 그곳으로 떠날 실질적인 준비가 하나도 되어 있지 않았다. 막막해하는 나 자신이 스스로도 당황스러웠다.

그래도 일단 비행기 티켓을 예약했다. 뒤숭숭한 생각으로 여행책자와 인터넷 카페도 찾아보기 시작했다. 일정과 비용 등을 꼼꼼하게 살피면서 정보를 모았다. 그런데 정보가 늘어날수록 필요한 물건은 점점 많아졌고 배낭에 다 넣기조차 힘들 지경에 이르렀다. 어찌해야 할지 심란한 기분으로 인터넷카페를 뒤지다가 이런 댓글을 발견했다.

'그냥 떠나보세요. 어쩌면 많은 준비가 필요하지 않습니다. 거기도 사람 사는 동네입니다.'

짧은 글이었지만 가슴에 뭔가 쿵 하고 와 닿았다. 800㎞가 넘는 길을 걸어서, 그것도 혼자서 가야 한다는 불안감 등 여행에 대한 설렘보다 걱정만 잔뜩 안고서 여행 준비를 하고 있었다. 내 체력으로 잘 해낼 수 있을까, 혼자인데 위험한 일이 생기면 어떡하지, 너무 고생스러워서 포기하고 싶어지지는 않을까 등등 비행기에 올라 타기 전부터 나는 부정적인 생각으로 사로잡혀 자신감을 잃어가고 있던 때에, 그 문구는 큰 위로가 되었다.

공항으로 향하면서도 뭔가 미진한 것 같은 찜찜함을 털어내며 지레 겁부터 내지 말고 닥치면 생각하자고 마음을 굳게 먹었다. 일정은 파리를 둘러본 뒤, 프랑스 남부의 국경 마을 생 장 피드 포르St. Jean Pied Port에서 스페인 산티아고 데 콤포스텔라의 대성당까지 도보로 이동하는 여정으로 계획했다. 산티아고 순례길을 완주하는 코스인데, 대략 한 달 가량이 걸리는 험난한 여행이다.

파리 시내에 도착해 얼마 지나지 않아 나는 여행준비를 하면서 불안해했던 것들이 다 쓸데없는 일이었다는 것을 알게 되었다. 완벽한 준비 따위는 있을 수 없다는 것을 바로 실감했기 때문이다. 지하철역에서부터 말도 통하지 않는 사람들에게 수차례 물어가며 예약해둔 한인민박을 찾기까지 길거리에서 1시간 넘게 헤맸던 것이다. 민박집에 도착하니 밤 10시가 다 되어 있었다. 앞으로의 여정이 만만치 않을 것 같은 불길함에 휩싸였다. 미리 알아보고 준비해 왔던 내용이 이토록 도움이 되지 않다니 걱정스럽기만 했다.

아니다. 출발할 때 마음먹었던 것처럼 이번 여행 컨셉을 맨땅에 헤딩하기로 정하면 그만이다. 그날그날 방향만 결정하고 나머지는 하루하루 충실하게 보내도록 하자. 이것이야말로 혼자 떠나온 자만이 누릴 수 있는 여행의 묘미이고 즐거움일 텐데, 내 맘대로 결정할 수 있는 여정을 맘껏 즐겨보자는 생각이 들었다. 그러고 나니 그동안 나를 내리눌렀던 불안감은 사라지고, 앞으로 벌어질 일에 대한

기대감으로 바뀌었다.

　　1993년 유네스코 세계문화유산에 등재된 산티아고 순례길은 전 세계에서 찾아드는 여행객들을 위해 편의시설을 정비해 두었다. 조개껍질과 화살표로 방향을 안내해주는 이정표가 있고, 순례자 전용 숙소인 알베르게albergue도 마련되어 있었다. 종착지인 산티아고까지 가는 길도 여러 루트가 있었다. 프랑스에서 피레네산맥을 넘어서 가는 방법Camino Frances, 프랑스길이 한국 사람들에게 가장 많이 알려져 있고 정보를 찾기도 수월했다. 나 역시 이 루트를 택했지만, 프랑스에서 대서양을 따라 산티아고로 가는 북쪽길Camino del Norte도 있고, 포르투칼 리스본에서 출발해서 포르투칼을 종단해서 오는 방법Camino Portuguese도 있다.

　　또한 여행하는 방식도 시간이나 체력 등 개인의 상황에 따라 도중에서 시작해 원하는 곳에서 그만둘 수도 있다. 실제로 순례길에서 만난 유럽인들 중 몇몇은 여러 차례 휴가를 이용해서 전체 코스를 나누어 완주하고 있었다. 하루에 걷는 거리도 각자의 여건에 따라서 그날그날 알아서 하면 된다. 일반적으로 가이드북에 안내되어 있는 '완주하는데 한 달'이라는 기간은 말 그대로 물리적인 시간에 지나지 않는다. 누구든지 순례자가 될 수 있는 이 길에서 우리는 장애가 있어도 나이가 많아도 지팡이에 의지한 채로 느리지만 즐겁게 자기만의 여정을 이어가는 사람들을 만날 수 있다. 재미있게도 나는 마라톤으로 가는 사람, 말을 타고 사람, 강아지와 같이 가는 반려견 커플들도 만났다. 심지어 텐트를 짊어지고 이동하면서 텐트에서 생활하면서 가는 사람들도 있었다.

나처럼 산티아고 가는 길을 완주하기 위해 프랑스의 생 장 피드포르에서 시작하는 경우에는 첫날부터 피레네산맥을 넘어야 한다. 해발 1,400m의 산을 넘는다는 것은 체력적으로도 힘들 뿐 아니라 날씨의 영향도 많이 받게 된다. 이후로도 산티아고에 도착할 때까지 2개의 높은 산을 더 넘게 되는데, 피레네산맥을 넘었던 경험이 큰 도움이 되었다. 순례길 초보자가 처음부터 인내를 경험하게 되기 때문에 많은 사람들이 본격적으로 순례길을 시작하기에 앞서 심적으로 각오를 하게 되고, 체력적으로도 단련이 된다고들 한다.

이런 힘겨움이 산티아고 순례길에서 맛볼 수 있는 특별한 경험이라고 생각한다. 산티아고에 도착하기까지 사람들은 자신의 체력적 한계와 맞부딪치면서 이것을 조절하고 이겨내는 방법을 조금씩 깨달아간다. 하루에 걷는 거리는 개인차가 있지만, 대개 1주일이 지나면 반나절 이상 걷는 것에 대한 힘겨움을 어느 정도 극복하게 된다. 비가 내려도, 발이 아파도, 고단해도 아침이 되면 모두들 다시 길로 나선다. 새벽녘 같이 출발하는 길동무들이 있어 주저하는 맘을 털어내며 출발할 수 있었고, 순례길에서 누구나 필연적으로 만나게 되는 고통스러운 순간을 이겨내며 그날의 하루를 충실하게 마무리할 수 있었다. 또 끝없이 계속되는 길 위에서 지루함을 느낄 때나 무서움이 엄습했을 때 전혀 모르는 사람일지라도 곁에 누군가 같이 걸

어가는 동료가 있다는 사실에서 엄청난 위안을 얻는다.

이렇게 함께 하는 사람들이 바로 순례길에서 경험하게 되는 두 번째 특별함이다. 혼자서 온 사람이 대부분이지만 친구, 형제자매, 부부나 가족이 오기도 한다. 오랜 기간을 개개인의 페이스에 맞춰서 걷기 때문에 여러 차례 만났다 헤어지기를 반복하게 되는 사람들도 있다. 반면에 또 만나면 좋겠다고 생각했지만 다시 못 만나 아쉬웠던 이들도 있게 마련이다. 이곳에서는 국적도 나이도 성별도 중요하지 않다. 이름도 묻지 않고 반나절 넘게 이야기를 나눈 적도 있다. 누구와 대화하더라도 '까미노Camino de Santiago를 줄인 말로 산티아고로 가는 길이라는 뜻'라는 공통의 화제가 있고, 대체로 비슷한 이야기를 나누게 되는데도 지루하지가 않다.

또 긴 여정 동안 서로에게 부담이 되지 않으려고 주의하기 때문에 반갑게 만났다가도 언제든지 헤어질 수 있다. 그리고 헤어질 때면 다들 똑같은 인사를 나눈다. 다시 보자고, 끝까지 힘내서 산티아고에서 꼭 만나자는 인사말을 잊지 않는다. 하물며 순례길이나 알베르게에서 한국 사람을 만나면 엄청나게 반갑다. 하지만 이것도 잠깐이고, 매일 보는 것보다는 가끔 보는 것이 더 즐거울 때가 많다. 그럼에도 분명한 것은 그 길 위에서 우리는 의식하지 않은 채 누군가에게 힘이 되어주기도 하고 누군가에게 의지하기도 하면서 같은 마음을 공유한다는 진한 행복감을 느끼게 된다.

마지막은 순례길을 걷는 마음가짐이다. 처음 마주친 사람에게 많은 사람들이 왜 왔냐는 질문을 던진다. 여러 가지 대답이 있었는데, 버킷리스트라고 대답했던 사람이 가장 많았던 것으로 기억된다. 그밖에 종교적인 이유로, 마음을 정리하려고, 인생의 전환점에서 앞날에 대해 고민해보기 위해 등의 대답도 꽤 많았다. 그런데 공통적으로 발견할 수 있는 점은 그곳에서 만난 사람들은 누구나 만족감에 넘쳐있었다는 것이다. 약 한 달 동안 까미노를 완주하면서 여러 가지 경험을 했지만, 오히려 세세하게 준비하지 않았기 때문에 매일의 순간순간을 더 몰입해서 보낼 수 있었다고 여겨진다. 하루하루가 모두 새롭고 소중하게 기억에 남는다.

순례길을 완주하고 일상으로 돌아온 지금은 어쩌면 그렇게 단순하게 살 수 있었는지 내가 직접 겪었던 나날인데도 신기하게 느껴질 때가 있다. 아침에 일어나서 짐을 챙기고, 세끼를 어떻게 해결할지, 오늘은 어디까지 갈 수 있을지, 날씨는 어떨지, 숙소는 어디에서 구해야 할지 등 한 달 동안 매일 반복해서 일어나는 일을 아침마다 고민하고 결정하면서 같은 생각만 하면서 보냈다. 매일 어딘가 새로운 곳으로 향하면서 또 다른 누구를 만나게 될지에 대한 호기심을 안고 살았던 한 달이었다.

언뜻 단조롭고 고생스럽게만 상상될지 모를 순례길의 고행(?) 이야기를 지금부터 시작하려고 한다. 나에게는 하루하루가 신기하고 행복하기만 했던 한 달간의 이야기. 이 모든 것들을 그 길에 서면 알 수 있다.

그 길 위에 서다

프랑스와 스페인의 국경을 이루는
피레네산맥을 오르기 시작했다.
어느새 저 멀리서 해가 떠오른다.
설악산이나 지리산에서 바라봤던
해와 같은 모습이라고 생각하며
순례자 길에서의 첫날을 맞이한다.

처음 '산티아고 가는 길'에 대해 알게 되었을 때부터 나는 프랑스의 생 장 피드포르부터 스페인의 산티아고 대성당까지 약 800km에 이르는 코스를 완주하고 싶었다. 지금이야 인터넷에 '까미노', '산티아고', '순례길' 등 몇 가지 단어만 검색해도 산티아고에 대해 많은 정보를 찾을 수 있다. 하지만 10여 년 전만 해도 여행 전문가들이 다녀온 이야기를 적어놓은 단편적인 정보가 고작이었다. 그 이야기들을 읽고 있으면 '정말로 내가 갈 수 있을까?'하는 막연한 생각이 들곤 했다. 하지만 언젠가는 가리라는 희망을 버리진 않았다. 그

렇다곤 해도 직장인이 한 달 이상의 시간을 낸다는 것은 쉬운 일이 아니었기 때문에 정보를 수집하면서 기회가 오기를 기다렸다. 실은 정작 조금이라도 젊을 때는 힘들고 정년퇴직한 후에나 우아하게 다녀올 수 있으려나라는 생각이 슬그머니 들고 있었다.

그래도 낚시꾼에게 '놓친 물고기'가 자기 생애에서 가장 큰 물고기인 것처럼 나도 언제가 될지는 알 수 없지만 미래에 이루고 싶은 계획을 가슴에 품고 있다는 것만으로 큰 즐거움을 느끼며 지냈다. 드디어 기회가 생겼다. 그런데 막상 떠날 수 있게 되었을 때 망설이고 있는 나를 발견하게 되었다. 문득 깨달았던 것이다. 그곳에 왜 가려고 하는지 물어보면 딱히 대답할 말이 내게 없었다. 실제로도 이 질문은 산티아고 순례길에서 모두가 가장 많이 듣게 되는 물

음일 것이다. 내 대답은 시시할 만큼 단순하다. 그냥 왔고, 살면서 이루고 싶었던 나의 작은 계획 중에 하나였다. 이곳에서 겪을 수 있는 특별한 경험을 하고 싶었을 뿐이었다.

현존하는 최고의 탐험가로 알려져 있는 노르웨이의 엘링 카게 Erling Kagge는 『생각만큼 어렵지 않다』라는 책에서 "나이가 어렸을 때는 한 일에 대해서 후회를 하지만 나이가 들었을 때에는 하지 않은 일에 대해 후회를 한다"고 말한다. 그렇다. 그래서 난 떠났다. 더군다나 민족의 대명절인 추석을 고작 일주일 앞두고, 한 달 일정으로 덜렁 배낭 하나만 짊어지고 집을 나섰다.

프랑스 파리로 향하는 비행기에 몸을 싣는 순간부터 두려움과 호기심이 뒤엉키기 시작했다. 파리 샤를드골 공항에 저녁 무렵 도착

했기 때문에 서둘러 예약해둔 한인 민박집을 찾아가야 했다. 낯선 곳에서 호텔보다는 한국인 민박이 여러 가지 정보를 얻기에 유리할 것 같아 선택했는데, 나는 금세 괜한 호기를 부렸다는 생각이 들었다. 프랑스에선 영어가 잘 통하지 않는데다가 전철표 사는 방법도 상당히 어려웠다. 물어물어 민박집이 있는 파리의 외곽마을까지 가는데만 1시간 반이 걸렸다. 밤이 늦어지니 길거리도 어두워져 민박집 찾기가 여간 힘든 게 아니었다. 어째 앞으로의 여행이 쉽지 않을 것 같은 예감까지 들었다. 그런데 이게 웬 걸! 겨우 찾아 들어간 민박에 숙박객이 달랑 나 한 사람뿐이다. 얼마 전에 인수한 민박이란다. 그래도 그 덕분인지 주인장은 아주 친절하고 열정이 넘쳤다. 파리에서의 첫날은 그렇게 저물어갔다.

다음날엔 민박집에서 추천해 준 가이드와 함께 시내 관광을 나섰다. 이틀 정도 파리를 둘러볼 계획이다. 샹제리제 거리에서 시작하여 개선문, 루브르 박물관, 노트르담 성당, 몽마르트 언덕, 에펠탑을 둘러보았다. 루브르 박물관을 관람하면서 평생 내 가슴과 내 눈이 이렇게 호사를 누린 적이 없었다는 생각마저 들었다. 게다가 자동 서비스로 한국어 작품 설명이 되고 있었다. 한국의 국력을 실감하는 순간이었다. 그리곤 불현듯 잘 다녀오라며 등 떠밀어 준 와이프가 떠올랐다. 고마운 마음에 가슴이 뭉클해졌다.

가이드가 몽마르트 언덕 근처에 있는 유명한 바게트 빵 파는 집을 소개해줬다. 내일 열차 안에서 먹을 생각으로 한 개를 샀다. 생

김새는 우리나라에서 파는 바게트 빵과 똑같은데 소문난 빵집이라 그런지 많은 사람들이 하나같이 바게트 빵을 손에 들고 있다. 그런데 시내 구경을 하는 동안 계속 들고 다니게 되니 괜히 샀나 싶은 생각도 들었다. 하지만 민박집에 돌아온 순간 나는 주인장에게 바게트 자랑을 하고 있었다. 맛은 예상했던 것보다 더 좋았다. 역시 소문은 그냥 나는 게 아닌가 보다.

파리에서의 마지막 날 아침, 나는 언제 먹을 수 있을지 모를 한식으로 든든하게 배를 채우고 씩씩하게 몽파르나스역으로 갔다. 생장 피드포르행 기차표를 사려는데 창구마다 다른 나라 국기가 그려져 있었다. 미국, 스페인, 독일 등 여러 나라 국기가 있다. 처음에 나는 그 나라로 가는 표를 판매하는 창구라고 생각하고, 빈 창구로 갔다. 그런데 역무원에게 말을 건넨 순간 국기의 의미를 바로 알아차릴 수 있었다. 해당 언어가 가능하다는 뜻이었다.

아뿔싸! 하지만 만국공용어인 보디랭귀지가 있지 않은가. 생장 피드포르 기차역의 안내서를 보여주자 역무원은 아무 말도 안 하고 표를 내준다. 표에 좌석번호가 없어서 물어보니 역무원이 손을 자기 눈썹 위에 갖다 대고 두리번거리는 시늉을 한다. '어! 자리가 없어? 입석?' 표를 들고 돌아서는 순간, 한국에서 읽었던 많은 책에서 몽파르나스역에서 기차표를 사고 탑승하는 것에 대해 왜 그렇게 상세하게 설명하고 있었는지 그 까닭을 알 것 같았다. 앞으로 줄곧 이러고 다녀야 하나라는 생각이 들면서 가슴이 답답해진다.

나는 좌석을 아예 포기하고 객차와 객차 사이에 놓여있는 간이 의자에 자리를 잡았다. 그런데 어째 기차 구조가 낯설지가 않다. '아하! 이거 떼제베구나. 우리나라 KTX잖아! 문 여는 방법, 문고리 등이 친숙하니 한결 위안이 된다. 환승을 하려고 바욘Bayonne역에 내리니 배낭을 메고 서둘러 걸어가는 사람들이 여럿 눈에 띈다. 그 사람들을 따라가니 역시나 나를 목적지로 데려다 줄 기차가 기다리고 있다. 이번 기차에는 자리가 넉넉해서 편안하게 갈 수 있었다.

생 장 피드포르에 도착해서 사람들이 제일 먼저 방문하는 곳은 순례사무실이다. 순례자 여권인 '크레덴시알'을 발급받기 위해서다. 순례자 전용숙소인 알베르게는 크레덴시알을 소지한 사람에게만 잠자리를 제공하기 때문에 순례길을 시작할 때 꼭 만들어야 한다. 머문 사람에게는 크레덴시알에 도장을 찍어준다.

기차에서 내린 사람들이 줄줄이 순례사무실을 향해 가고 있다. 내 뒤에서 어떤 동양여자가 한국에서 왔냐고 물어본다. 몽파르나스 역에서부터 지금까지 서양인밖에 안 보였는데 한국인이라니 너무나 반가웠다. 그동안 말도 안 통하는 사람들하고 신경을 곤두세우고 이야기를 하다가 편안하게 한국말로 이야기를 하니 느글느글한 버터만 먹다가 오랜만에 얼큰한 김치찌개를 먹는 기분이었다. 그 사람도 비슷한 심정이지 않았을까?

크레덴시알을 만들면서 순례자의 상징인 조개껍데기도 멋진 놈으로 하나 장만해서 배낭에 달았다. 오늘밤부터 알베르게에서 묵

는 거다. 크레덴시알을 들고 알베르게에 들어서니 진짜 순례 여행이 시작됐다는 게 실감이 났다. 알베르게에서는 남녀 구별 없이 다른 순례자들과 함께 방을 사용하는 것이 관례다. 이층침대가 방마다 7~8개 정도씩 놓여있고, 주인장이 침대를 배정해준다. 시설은 예상만 못 했지만, 주인장이 앞으로의 순례길에 대해 이런저런 이야기를 해주고 내일 넘게 될 피레네산맥에 대한 정보도 몇 가지 들려준다.

생 장 피드포르는 식당도 몇 개 있고 순례길에서 필요한 웬만한 물건들도 장만할 수 있을 정도로 규모가 큰 마을이다. 나는 먼저 성당에 찾아가 보았다. 역시 마을에서 가장 크고 오래된 건물은 바로 성당이었다. 미사가 저녁 7시에 있는데 시간이 참 애매하다. 먼저 필요한 물건부터 사고 저녁을 먹은 후에 시간이 되면 미사를 보러 올 수 있을 것 같다. 숙소로 돌아오니 순례자들 모두 내일의 준비를 하고 있다. 불현듯 피레네산맥을 넘는 내일 일정이 걱정되기 시작한다. 준비해간 책에서 피레네산맥에 대해 읽어보고 잠자리에 들었다.

다음날 새벽 6시도 안 되어 잠이 깼다. 집사람과 카톡을 주고받고 이메일도 체크하였다. 역시 스마트폰으로 바꿔오기를 잘했다는 생각이 든다. 식당에 내려가니 벌써 출발준비를 하는 사람들이 보인다. 아침식사로 바게트와 쨈, 우유, 커피 등이 준비되어 있다. 커피와 빵으로 간단히 요기를 하고 물을 챙겨 길을 나섰다. 아직 채 어둠이 걷히지도 않았지만 나는 다른 순례자들과 함께 부랴부랴 발길을 옮겼다. 드디어 산티아고 순례길에 첫발을 내디딘 것이다. 산길로 접어드는 길에서 산티아고 순례의 상징인 노란 화살표를 찾기 시작했다. 이제부터 이 노란 화살표는 언제나 나와 동행하게 될 친구이자 나를 목적지까지 이끌어줄 좌표이다.

프랑스와 스페인의 국경을 이루는 피레네산맥을 오르기 시작했다. 어느새 저 멀리서 해가 떠오른다. 설악산이나 지리산에서 바라봤던 해와 같은 모습이라고 생각하며 순례자 길에서의 첫날을 맞이한다. 여기저기서 순례자들이 인사를 주고받는다. 이 길에서는 처음 만나는 순례자들끼리도 다들 "올라hola, 안녕", 혹은 "올라, 부엔 까미노hola, buen caimino, 안녕, 좋은 여행이 되시기를"라는 인사를 주고받는다. 아직 어색해서인지 내 입에선 '올라' 라는 한 마디도 잘 안 떨어진다.

피레네산맥을 넘으면 스페인 땅인 론세스바예스Roncesvalles로 가게 되는데 산 중턱 즈음 오리손Orisson이라는 곳을 지나게 된다. 산장 분위기의 휴게소인데 알베르게도 있어서 하루를 묵을 수도 있다. 이 산중턱의 멋진 산장에서 나는 점심을 먹으면서 차 한 잔을 마시기로 했다. 커피와 함께 책에서 본 '초리소 샌드위치'를 주문했다. 초리소chorizo는 돼지고기 소시지의 일종으로 말려서 훈제하기 때문에 좀 딱딱하다. 한국에서 술안주로는 맛있게 먹었는데, 샌드위치에 넣으니 너무 딱딱해서 먹기가 불편하다. 그래도 드넓은 초지 여기저기서 소떼와 양떼가 풀을 뜯어먹고 있는 목가적인 풍경 속에서 식사하는 기분은 정말 황홀했다.

슬슬 일어나야겠다. 피레네산맥은 바람도 많이 불고 경사도 좀 있지만, 산 중턱까지 차가 다닐 수 있는 길이어서 걷기는 꽤 편하다. 그런데도 어느새 배낭이 점점 무겁게 느껴진다. 최소한의 물건만을 넣어왔는데도 그렇다. 여기서는 다들 자기 컨디션에 맞춰 걷는 속도를 조절한다. 걷다가 쉬다가 다시 걷다가 하기 때문에 내 앞에 가던 사람이 나중에는 뒤따라오기도 하고, 나보다 늦게 출발했던 사람이 내 앞에 걷고 있는 일이 다반사다. 그렇게 한두 번 얼굴을 마주치다 보면 자연스럽게 서로 통성명을 하면서 꽤 여러 사람과 이야기를 나누게 된다.

산 정상으로 향하는 길은 험하지는 않지만 그렇다고 결코 만만
하지도 않다. 내 앞에 걸어가는 이탈리아에서 온 처녀와 독일에서
온 아줌마는 감탄스러울 만큼 잘 걷는다. 마지막으로 물을 보충할
수 있는 식수대에서 목을 축이고 있는데 누군가 서둘러 뒤따라오더
니 여기 있는 물은 먹으면 안 된다고 주의를 준다. 이미 물을 마셔버
린 사람들은 난감한 표정으로 서로 얼굴을 마주 보았고, 독일 아주
머니도 황급히 물통의 물을 쏟아냈다. 그 순간 나도 모르게 한 마디
가 툭 튀어나왔다. "Too late!" 그 말에 다들 '맞아' 라는 표정으로

한바탕 웃음을 터트린다. 그렇게 말은 했어도 '에이, 못 먹는 물이라고 써놓기라도 하지!' 라는 아쉬운 생각은 떨칠 수가 없다.

　　이제나저제나 하는 맘으로 정상에 오르고 난 뒤에도 해지기 전에 알베르게에 도착할 수 있을까 걱정이 될 정도로 내리막길이 끝없이 이어진다. 그래도 걷고 또 걷다보니 무사히 산을 넘어서 론세스바예스에 도착했다. 이곳의 알베르게는 수도원에서 운영하고 있는데, 새로 지은 지 얼마 되지 않아서 시설이 상당히 좋았다. 식당도 두 곳이나 있고 맛도 다 괜찮다고 한다. 그중 한 곳에서 순례자 메뉴(del Peregrino)를 주문하고 기다리는 동안 함께 걸어온 친구와 맥주를 한잔 마셨다. 아주 시원했다. 그런데 조금 있으려니 갈증이 점점 심해진다. 물을 두 컵이나 들이키고 나서야 좀 나아진다. 땀을 너무 많이 흘린 탓인가 보다. 아무래도 오늘은 맥주를 자제해야

할 것 같다.

저녁식사는 오스트리아에서 온 젊은 커플과 동석을 했다. 창밖을 내다보니 비가 내린다. 산에서 비를 만나지 않은 게 천만다행이라고 셋이서 입을 모았다. 피레네에서 눈비를 다 맞게 되면 '까미노 최악의 상황'을 만난 것이라고 얘기할 정도라고 한다. 눈까지는 아니지만 여정 초반에 비를 맞지 않아 정말 다행이라는 안도가 들었다. 문득 지난 여름 한라산을 오르면서 비바람을 만났던 기억이 떠올랐다. 바람 방향에 따라 빗줄기가 따귀를 때리듯이 얼굴로 들이쳐 무척 고생했던 경험을 들려주면서 식사를 했다. 순례자 메뉴도 아주 맛있었고, 대화도 무척 즐거웠다.

내일도 비가 오면 어떻게 가야 하나 걱정을 하면서 숙소로 들어왔다. 샤워를 하고 대충 짐을 정리하고 나니 갑자기 피로가 온 몸을 덮친다. 순례자 사무실에서 나누어준 일정을 살펴보니 내일은 '수비리' 혹은 '라라소냐'에서 묵는 게 좋을 것 같다. 비몽사몽 중에도 내일부터는 오늘 못 했던 미사에도 참석하고 묵주기도도 꼭 해야겠다고 생각하면서 잠에 빠져들었다. 어느새 나는 그렇게 산티아고 가는 길 위에 있었다.

Chapter 03

까미노의 문화에 눈떠가다

여러 마을을 지나면서 잠깐씩 쉴 때마다 지나가는 사람들과
'올라' 혹은 '부엔 까미노'라고 서로에게 외친다.
어제 피레네산맥을 넘으면서 마주쳤던 얼굴들도 보인다.
몇 번 인사를 주고받고 나니 자연스럽게 통성명을 하게 된다.
독일에서 온 아주머니, 이탈리아에서 온 젊은 아가씨,
브라질에서 온 젊은이 등 정말 각지의 사람들과 만난다.

오전 6시가 되자 여기저기서 인기척이 들린다. 건너편에 있는
오스트리아 커플은 1인용 침대를 같이 사용했는지 옷으로 침대에
가림막을 만들어 놓았다. 침대 이층에서 내려오면서 아래층 사람에
게 폐가 되지 않도록 조심스럽게 내려왔지만 부스럭 대는 소리에 잠
을 깨운 것 같다. 뻘쭘해진 나는 "Hi~ Sorry!"라고 인사를 건네며 엉
거주춤 오른손을 들어올려 미안한 마음을 표시했다.

밖을 보니 비가 추적추적 내리고 있다. 이런! 둘째 날부터 곤란

한 상황이 벌어지고 말았다. 오늘은 배낭을 단단히 꾸려야겠다. '생 장'순례자들은 다들 생 장 피드포르를 이렇게 부른다에서 바람막이 용도로 우 의를 하나 구입하긴 했는데 제대로 기능을 할는지 걱정이다. 어제 만났던 한국인 친구들을 찾아보니 아직 자고 있다. 그 중 회사원이 라던 여자 분이 깨어있어서 날씨 상황을 알려주었는데 별거 아니라 는 표정이다. 나는 여자라고 더 걱정이 되어 말을 꺼냈는데 생각보 다 당차다.

아무래도 비오는 날에는 혼자보다 여럿이 움직이는 것이 좋을 것 같아 이 일행과 같이 출발하려고 천천히 배낭을 꾸렸다. 배낭이 젖지 않게 커버를 덮고, 돌돌 말은 침낭을 비닐봉지에 넣어서 배낭 위에 매달았다. 침낭이 배낭에 들어가지 않으니 커다란 비닐봉지를 덜렁거리며 빗속을 걷게 생겼다. 알베르게를 나서는데 이곳을 관리하는 호스피탈로들이 벌써 나와서 배웅을 하고 있다. 오전 7시인데 아직 어둠이 거치지 않았다. 헤드랜턴을 켜자 이미 저만치 가는 순례자들 모습이 보인다. 판초 우의를 머리에서부터 뒤집어쓰고 지팡이를 짚고 가는 모습이 영락없는 순례자 행색이다.

오늘부터는 걷는 시간과 도착할 마을을 잘 조절하면서 가야 한다. 몸에 무리가 가지 않도록 컨디션을 살피면서 너무 늦지 않게 다음 숙소에 도착해야 한다. 너무 늦게 알베르게에 도착하면 침대가 없어서 다음 알베르게까지 20여 km를 더 걸어야 하거나 차가운 바닥에 침낭을 깔고 자야 하는 사태가 벌어질 수 있기 때문이다.

동행하게 된 한국인 친구는 IT쪽에서 일을 하는 프로그래머로, 프로젝트를 끝내고 한 달간 휴가를 얻어 이곳에 왔다고 한다. 이미 이런 배낭여행 경험이 여러 차례 있다면서 인도가 가장 기억에 남는다고 한다. 아직 시집도 가지 않은 그야말로 골드미스인데 남자 친구도 있단다. 아까 비 소식을 전했을 때 두둑했던 배포는 역시 그냥 생긴 게 아니었다. 어제 피레네산맥을 넘어오면서도 힘들었을 텐데 씩씩하게 잘도 걷는다.

한두 시간을 걷다보니 비가 그치기 시작했다. 우의를 벗으니 몸도 가볍고 공기도 한결 상쾌해졌다. 시골길을 따라 한참을 오르내

리며 이어진 길은 중간중간 차도를 지나기도 하고 숲길로 연결되기
도 한다. 그러던 차에 말끔한 분위기를 물씬 풍기는 마을에 도착했
다. 성당이나 집들이나 하나 같이 정비가 잘 되어 있다. 도로 가운데
설치되어 있는 배수로에도 쓰레기 하나 떨어져 있지 않다. 인적은
보이지 않지만, 흠 잡을 데 없이 깨끗한데다가 풍요로운 분위기도
느껴졌다. 도중에 바 bar가 있어 들어가 보니 이미 아침식사를 하고
있는 순례자들이 꽤 있다. 우리도 커피와 간단한 빵을 주문했다. 한
국에서 흔히 마시는 아메리카노를 주문하려면 까페라고 말해야 한
다. 그러면 에스프레소 머신에서 좀 진한 커피를 내려준다. 간단하
게 요기를 하고 났더니 기력이 나는 것 같다. 점심때까지는 수비리
Zubiri에 도착해야 하는데 지도를 살펴보니 약 21km정도가 된다. 우

선 거기까지 가보고 다음 일정을 결정할 생각이다.

다시 길을 나섰다. 주변에 펼쳐져 있는 풍경은 어디를 봐도 한 장의 엽서 같아 감탄사가 절로 나온다. 지나치는 마을들이 어디나 다 멋있고 예뻤다. 분위기는 조금씩 달라도 그 마을에서 가장 큰 건물은 성당이고, 어떤 마을엔 그런 큰 성당이 몇 개씩 있기도 했다. 천주교 신자들이 이 정도로 많은 건가 무척 궁금했다. 성당에 들러 미사시간을 찾아보았는데 그런 안내는 보이지 않고 대부분 문이 닫혀있어 내부 구경조차 할 수가 없어 아쉬움이 많이 남았다.

여러 마을을 지나면서 잠깐씩 쉴 때마다 지나가는 사람들과 '올라' 혹은 '부엔 까미노'라고 서로에게 외친다. 어제 피레네산맥을 넘으면서 마주쳤던 얼굴들도 보인다. 몇 번 인사를 주고받고 나

니 자연스럽게 통성명을 하게 된다. 독일에서 온 아주머니, 이탈리아에서 온 젊은 아가씨, 브라질에서 온 젊은이 등 정말 각지의 사람들과 만난다.

　오후 1시쯤 드디어 수비리에 도착했다. 이곳에는 공립 알베르게가 하나 있고, 사설도 몇 개 있기 때문에 선택이 가능하다. 우선 점심을 먹고 결정하기로 했다. 한국의 골드미스는 발에 물집이 잡혀 도저히 더는 못가겠단다. 어제 빨래도 못했다며 세탁도 할 수 있고 약간의 취사도 가능한, 시설이 좀 더 편리한 사설 알베르게에서 묵겠다고 한다. 나는 점심을 먹고 좀 더 가기로 했다. 여기서 5.5킬로만 더 가면 라라소냐Larrasoana다. 점심식사를 먹고 나니 거의 2시

반이 되었다. 서둘러 출발하려는데 어제 숙소에 늦게 도착했던 한국인 친구들이 들어온다. 어제 저녁의 상태로는 더 이상 못 걸을 것 같은 얼굴들이더니 대단하다고 격려 인사를 건네고 그곳을 나왔다.

라라소냐에 도착하니 마을 어귀에 개울물이 흐르고 있다. 돌다리를 건너 마을로 들어가니 앙증맞다는 표현이 어울릴 만한 작고 예쁜 시골마을이다. 서둘러 알베르게로 향했다. 먼저 도착한 순례자들이 침대 배정을 받고 있다. 어제와 달리 시설이 좀 열악해 보인다. 이층의 침대를 배정 받았는데 침대에 난간이 없다. 불안한 얼굴로 안전하냐고 물어보니 관리인이 "여기서 떨어진다면 네가 그 최초의 사람일 것"이라고 너스레를 떤다. 아무래도 잘 때 조심해야겠다는 생각이 절로 든다.

침대에 침낭을 깔아 놓고 내 자리라는 영역표시를 했다. 아래쪽 침대에는 어제 만났던 이탈리아 아가씨가 자리를 잡고 있다. 반갑게 내 이름을 불러준다. 외국 친구들을 만났을 때 부르기 쉽게 간단히 코리아에서 온 Lee라고 내 소개를 했다. 그러고 보니 여기저기 낯익은 얼굴들이 꽤 보인다. 이틀 동안 열심히 인사를 한 덕분이다. 얼른 샤워를 하고 몇 가지 옷을 빨아 널고 나서 동네 구경을 나섰다. 한국의 여느 시골 풍경이 연상될 만큼 흡사해서 정겨운 기분마저 든다. 나중에 나이가 들어서 노후를 보내도 참 좋을 것 같은 마을이다.

저녁이 되니 아까 수비리에서 잠깐 마주쳤던 한국인 친구들이 도착했다. 저녁을 어떻게 할까 고민하던 차였는데, 이 친구들이 저녁을 같이 하자고 청해온다. 같이 바에 가보니 저녁식사가 한창이라 왁자지껄 소란스럽다. 내가 무심코 순례자 메뉴를 예약하자고 했더니, 자기들은 하루에 10유로 정도로 생활하고 있기 때문에 여기에서 식사하기는 힘들다고 한다. 이들은 주로 마켓에서 먹을거리와 음료수를 사거나 여건이 가능하면 식재료를 구입해 와서 식사를 해결한단다.

나는 괜히 미안한 마음이 들어 같이 마켓에 가보기로 했다. 조그만 가게인데 빵과 냉동피자, 음료수, 과일 등을 팔고 있다. 고른 음식이 7유로밖에 안 돼서 내가 사겠다고 했더니 이 친구들의 표정이 참 묘하다. 이렇게 넙죽 얻어먹어도 되나 하는 얼굴들이다. 추석을 앞두고 타국에서 동포애도 돈독히 할 겸 식사 후에 와인도 한 병 쏘겠다고 호기를 부렸다.

바에서 그동안 만난 외국인 친구들까지 같이 어우러져 한 잔 하면서 이야기를 나누었다. 아직은 순례길 초기라서 그런지 앞으로에 대한 호기심과 기대감으로 들떠있는 모습이었다. 9시가 조금 지나니 대부분 숙소로 돌아갔는지 바에는 남아있는 사람이 별로 없다. 알베르게는 10시가 통금이다. 기분 좋게 이야기를 나누며 와인을 몇 잔 마신 터라 적당히 취기도 올랐다. 숙소로 돌아가려니 난간 없는 침대가 떠오르면서 정신이 번쩍 든다. 잠을 험하게 잤다가는 여기서 순례길을 끝내게 될지도 모른다는 생각이 들었다.

숙소에 들어가 얌전히 침대에 누웠다. 벌써 곯아떨어진 사람, 랜턴을 켜고 열심히 무언가 적는 사람, 독서를 하는 사람 등 다들 나름대로 하루를 정리하고 있다. 그들을 바라보고 있자니 눈꺼풀이 무겁게 내려앉는다. 이렇게 두 번째 날 밤이 지나가고 있다. 잠결에 오늘도 무사히 하루를 보내게 해주신 것에 감사의 기도를 드렸다. 아차! 오늘도 묵주기도를 못 했구나. '내일은 꼭 묵주기도도 하고 미사에도 가봐야지.'

까미노가
선사하는
'우연'이 가져다주는
행복

:

도로로 들어서는데
갑자기 시커먼 그림자 하나가 불쑥 튀어나왔다.
화들짝 놀라는 순간 내 그림자라는 걸 깨달았다.
'아! 이것이 바로 까미노에서 만난다는 그림자로구나!'
50등신은 됨직한 롱다리 그림자가 재미있어
내 그림자를 향해 셔터를 눌러댔다.

침대가 불편한 탓인지 일찍 잠이 깨버렸다. 새벽 5시. 평소 새
벽 미사에서 해설을 맡는 날에 일어나던 시간이란 생각이 스쳐지나
간다. 여기저기 코 고는 소리도 들리고 아직 다들 곤히 잠들어있다.
다시 잠이 올 것 같지는 않고, 스마트폰으로 오늘 날씨와 일정을 검
색해 보고 전자책을 펼쳤다. 어둠이 걷혀갈 무렵 순례자들이 하나둘

씩 짐을 챙기기 시작한다. 침낭을 정리하고, 배낭을 꾸리고, 머리에 헤드랜턴을 장착하고… 어느덧 나도 떠날 채비를 하는 본새가 제법 익숙해졌다. 이 정도면 초보티를 벗고 어엿한 까미노의 순례자로 보일 듯싶다.

　　오늘은 팜플로나Pamplona까지 갈 계획이다. 팜플로나는 산 페르민 축제San Fermín로 유명한 곳이다. 축제가 열리는 일주일 내내 아침마다 반복되는 소몰이entierro가 특히 인기가 많다고 한다. 오후 투우에 쓸 소를 투우장까지 연결되는 거리에 풀어서 소들이 질주하도록 만든다. 이때 수많은 사람들이 흰 옷을 입고 허리에 빨간색 천을 두른 채 소를 앞지르거니 뒤쫓거니 하면서 내달린다고 한다. 소몰이는 겨우 5분 정도면 끝나버리는데도 매년 엄청난 인파가 몰려든단다. 인구 18만의 도시에 관광객만 50만 명 이상 몰려들기 때문에 숙소를 구하지 못 한 사람들을 위해 거리 노숙을 허용할 정도라니 상상을 뛰어넘을 정도로 흥미진진한 축제일 듯하다.

　　또 나바라대학을 방문하여 대학인 순례 증명도 신청할 계획이다. 대학교에 근무하고 있기 때문에 대학교에서 발급해주는 순례자 여권인 크레덴시알은 나에게 또 다른 의미를 지닌다. 더욱이 오래도록 염원했던 까미노를, 퇴직하기 전에 걸으면서 산티아고로 가는 여정 중에 위치하고 있는 대학교에서 순례자 여권을 받는다니 생각만 해도 흥분이 되지 않을 수 없다. 어쨌거나 이렇게 같은 여정에서 두 개의 여권을 얻는다는 것도 흥미로운 일이 아니겠는가?

오늘도 헤드랜턴에 의지해서 출발한다. 이상하게 도중에 자꾸 문이 나온다. 문을 열고 들어가 한참 가다보면 또 다른 문이 나오는 식이다. 이유가 궁금한데 순례자 길에서는 마을사람을 만나기도 어렵고, 게다가 새벽이라 도통 물어볼 데가 없다. 그저 사유지라서 문으로 경계를 표시해둔 것인가 추측해 볼 뿐이다.

한참을 걸어 숲길을 지나니 큰 도로가 나온다. 도로로 들어서는데 갑자기 시커먼 그림자 하나가 불쑥 튀어나왔다. 화들짝 놀라는 순간 내 그림자라는 걸 깨달았다. '아! 이것이 바로 까미노에서 만난다는 그림자로구나!' 50등신은 됨직한 롱다리 그림자가 재미있어 내 그림자를 향해 셔터를 눌러댔다. 내 평생 내 그림자를 사진으로 찍으리라곤 생각조차 해본 적이 없었는데… 직접 겪어보지 않은 채 다른 사람에게 얘기로만 들었다면 속으로 '실없는 놈'이라고 흉봤을 만한 일이다.

프랑스길은 스페인 북쪽 지역을 동에서 서로 가로질러 가기 때문에 해를 등지고 걷게 된다. 늘 자신의 그림자를 앞장세워 동행하게 되는 것이다. 등 뒤를 비추던 해가 한낮에 왼쪽 얼굴을 비추고 정면으로 사라진다. 그러니 아침에는 길쭉하던 그림자가 점점 짧아지는 것으로 시간의 흐름을 짐작할 수 있다.

팜플로냐에 가면 '타파스tapas'를 먹을 생각이다. 타파스는 스페인의 대표적인 음식으로 빵에 여러 가지 고명을 얹어서 먹는 음식이다. 유명한 도시에 가면 모두 타파스 골목, 타파스 거리가 있을 정도다. 특히 팜플로냐에서 먹은 타파스가 저렴하면서 맛도 아주 좋았다는 평이 많아서 기대가 된다. 타파스는 한국에서부터 먹어보려고 별렀던 터라 자꾸 발걸음을 재촉하게 된다. 한국에서는 빵도 커피도 잘 안 먹었는데, 어느새 커피가 없으면 식사가 허전하다는 느낌이 들 정도로 달라졌다.

여느 날처럼 드넓은 밀밭과 흐드러지게 피어있는 들꽃 길을 지나고 산길을 지나 한참을 걸어오니 멋진 강이 나타났다. 다리 건너편에 커다란 성곽이 펼쳐져 있다. 팜플로냐 입구다. 성 옆에 제법 큰 알베르게도 보인다. 그 앞 벤치에 앉아 잠깐 다리를 쉬며 경치를 즐기고 있자니 다리를 건너오는 순례자들이 하나둘 보이기 시작한다. 순례자들과 반갑게 인사를 나누고 다시 발길을 옮겼다.

어느 정도를 갔을까, 갑자기 표지판이 보이질 않는다. 한참을 서성이고 있는데 개를 데리고 지나가던 할아버지가 나를 쳐다보신다. 표지판을 찾을 수 없다고 여쭤보니 뭐라고 설명을 해 주시는데 도저히 알아들을 수가 없다. 할아버지가 따라오라는 시늉을 하고는 내가 걸어온 반대 방향으로 데리고 가신다. 반대편으로 돌아가니 팜플로냐의 성문을 지나는 입구가 보인다. 나를 입구까지 안내해 주고 왔던 길을 되돌아가시는 할아버지에게 고마움과 미안함을 담아 머리를 숙여 인사를 했다. "그라시아스!"

팜플로냐의 시내는 도시 입구에서도 거리가 꽤 떨어져 있다. 한참을 가다가 발견한 사설 알베르게에서 지도를 한 장 얻었다. 나

바라대학의 위치를 물었더니 한국인들이 그 대학을 많이 물어본다며 가는 길을 상세하게 알려 준다. 나바라대학은 팜플로냐 시내를 벗어나 약간 떨어진 곳에 있었다.

40분 남짓 걸어 부지도 상당히 넓고 건물도 여러 개인 나바라대학에 도착했다. 먼저 크레덴셜을 만들기 위해 도서관 입구에 있는 안내데스크를 찾아갔다. 직원은 한국인이냐고 물어보더니 여러 개의 크레덴시알을 내민다. 신청을 해놓고 나중에 수령을 해가도 되는 모양이다. 크레덴시알에 적혀있는 한국 이름들이 새삼 반갑게 느껴진다. 신청서를 작성하고 잠깐 기다리고 있었더니 크레덴시알을 내어 준다. 나중에 안 사실이지만 나바라대학은 길 건너편에 의과대학 건물이 따로 있을 정도로 큰 대학이었다.

크레덴시알도 만들었고 점심시간도 다 되어서 학생식당을 찾았다. 원래는 타파스를 먹을 계획이었지만 너무 배가 고파서 시내로 되돌아갈 때까지 참을 수가 없을 것 같다. 학생식당에서 콜라와 빵으로 요기를 했다. 식당에는 학생들이 많지는 않았지만 삼삼오오 모여서 식사하는 모습이 내가 다니는 대학의 학생식당의 모습과 다를 바가 없었다.

배를 채우고 나니 여유가 생긴다. 학교 안을 둘러보면서 다음 일정을 고민해 보았다. 팜플로냐는 까미노를 시작하고 만난 첫 번째 큰 도시라서 시내에 가면 구경할 것이 많을 것 같다. 여러 후기에서 고풍스러운 도시 분위기가 매력적이라는 얘기도 많이 읽었다. 또 주말에는 무슨 축제가 열린다고 해서 기대도 된다. 하지만 나바라대학에 먼저 오다 보니 이미 도심에서 많이 벗어나 버렸다. 아무래도 다시 돌아가는 것이 썩 내키지 않는다. '그래! 나중에 아내와 함께 다시 오자.' 처음부터 마음 가는 대로 조금은 즉흥적으로 여행을 즐기기로 한 터라 가볍게 마음이 정리된다.

오늘은 시주르 미노르Cizur Menor에서 묵어야겠다. 다시 노란 화살표를 따라 길을 걷기 시작했다. 오늘은 처음으로 묵주기도 5단을 드렸다. 길을 걸으면서 발이나 무릎, 배낭의 무게 등에 대한 생각을 접어 두고 기도를 올릴 수 있었다. 도중에 열려 있는 성당을 발견하고 안에 들어가서 잠시 기도도 드렸다. 며칠째 잠결에도 마음에 걸려 있던 일을 얼마간 실행했다는 생각에 마음이 좀 가벼워진다. 순례길을 시작하기 전부터 마음먹었던 계획이었기에 앞으로 까미노에서 기도드리는 것에 점점 더 익숙해질 자신이 괜스레 대견스럽게 느껴졌다. 이제 어느 정도 몸이 까미노를 기억하기 시작하나 보다.

멀리 산이 보이고 시주르 미노르가 모습을 드러낼 즈음 덴마크에서 왔다는 남녀 커플 카슨과 아레나를 만났다. 산중턱에 있는 사리키에기Zariquiegui까지 갈 계획이라는 이들의 이유가 재미있다. 여자인 아레나는 잘 걷고 있는데 남자친구 카슨이 발에 물집이 잡혀서 내일 한 번에 산을 넘기 힘들 것 같아 아예 오늘 산중턱까지 가볼 참이란다. 듣고 보니 그럴 듯해 나도 동행하기로 했다.

얼마간 걷다보니 저 너머 산 중턱의 마을이 보인다. 그런데 이게 어째 가도 가도 거리가 좁혀지질 않는다. 오후가 되면서 허기도 지고 체력도 떨어지니 속도가 나질 않는 것 같다. 이 젊은 덴마크 친구들도 힘이 드는지 약간의 오르막인데도 자꾸 쉬어간다. 지친 순례자 셋은 오순도순 서로 사진도 찍어주고 스틱에 기대어 지친 얼굴을 마주보며 이야기도 나눠가면서 타박타박 걸어 나갔다.

　겨우 도착한 마을에는 알베르게가 하나밖에 없었다. 그래도 주변 풍광은 매우 좋다. 이 알베르게는 바도 겸하고 있어서 주방이 2층에 있었다. 순례자 메뉴를 신청하려는데 아레나가 자기는 채식주의자라며 근처의 슈퍼에 간다기에 나도 따라나섰다. 아레나가 채소를 고르는 사이 이것저것 구경하다가 쌀을 발견했다. 한국에서 먹던 쌀이랑 똑같이 생긴 쌀을 1kg 용량으로 팔고 있다. 배낭에 있는 고추장이 퍼뜩 떠올랐다. 고추장찌개를 끓여야겠다. 양파, 감자, 참치캔, 당근채와 콩나물이 함께 들어있는 병조림을 고르고 와인도 한 병 샀다.

　쌀을 씻어 밥을 안치는데 카슨이 먹어보고 싶다며 관심을 갖는다. 밥이 되는 동안 카슨과 나는 초리소를 안주 삼아 맥주를 한잔 했

다. 이 친구 술을 무지하게 달게 마신다. 술 좋아한다며 옆에서 아레나가 눈치를 준다. 야채와 참치를 넣고 고추장을 풀어서 고추장찌개를 끓였더니 맛이 꽤 그럴싸하다. 밥과 야채 병조림을 섞어 고추장에 비비니 훌륭한 야채비빔밥까지 완성되었다. 오랜만에 먹는 한식은 그야말로 입에 착착 감기고 혀가 살살 녹을 정도로 꿀맛이다. 카슨도 연신 맛있다며 부지런히 먹는다. 스페인의 어느 산중턱에서 와인과 함께 한국 음식을 먹고 있다니! 실로 환상적이지 않은가. 때마침 가을비까지 추적추적 내리기 시작한다.

　　아침에 일어나니 아직도 비가 내리고 있다. 빗속을 나서려니 슬그머니 귀찮은 생각이 든다. 어쨌거나 어제 남은 밥에 물을 넣고 끓이기 시작했다. 끓인 밥에 남은 반찬을 먹고 숭늉까지 마셨더니 아침식사로 너무나 훌륭하다. 아레나는 옆에서 점심으로 먹을 샌드위치를 준비하고 있다. 어제 고마웠다며 나에게도 샌드위치를 나누어

준다. 출발하려는데 카슨이 늦장을 부린다. 발 상태가 썩 좋지 않은 것 같다. 두 사람과는 나중에 다시 만나기로 하고 나는 먼저 길을 나섰다.

비는 아직 그치지 않았지만 그럭저럭 걸을 만하다. 그렇지만 산을 오르다 보니 신발이 점점 무거워진다. 땅이 질척이지도 않는데 신발 밑창이 진흙범벅이다. 털어내보려고 해도 잘 떨어지지가 않는다. 옆에서 자전거를 끌고 올라가는 친구들도 자전거 바퀴가 진흙으로 뒤범벅된 터라 고생하고 있다. 여기가 그 유명한 페르돈 고개다.

페르돈 고개Alto de Perdon는 팜플로냐에서 푸엔테 라 레이나로 가는 도중에 필히 거치게 되는 고개인데, 숱한 순례자들이 인내력을 시험당하며 분투하기로 악명 높은 코스다. 해발 734m임에도 하늘까지 올라가야 하나 싶을 만큼 험난한 경사를 타고 올라야한다. 정상에 오르면 순례자들을 형상화한 청동 조형물과 정상 주변에 서 있는 수십 개의 풍차가 빚어낸 그림 같은 풍경을 만날 수 있다. 이곳을 다녀간 수많은 순례자들이 빼놓지 않고 사진으로 담아왔던 바로 그 장소다. 내가 정말 이곳까지 왔구나라는 생각에 대견함과 행복감을 느끼며, 나 역시 눈앞에 펼쳐진 풍광을

열심히 카메라에 담았다.

하지만 풍차가 왜 줄을 지어 서있겠는가? 쉴 새 없이 바람이 엄청나게 불어댄다. 헉헉거리며 땀을 줄줄 흘리고 올라왔는데 까닥했다가는 체온 급강하로 감기 걸리기 십상일 것 같다. 힘겹게 올라와서 느긋하게 쉬지도 못하고 내려가기 시작했다. 이번엔 가파른 자갈밭이 기다리고 있다. 이미 지쳐버린 다리는 후들거리는데 발바닥에선 불이 나고 무릎까지 쿡쿡 쑤셔온다.

이런 고개가 용서와 화해를 묵상하는 회심의 루트라니…

'Perdon'은 스페인어로 용서라는 의미이다. 아이러니가 아닌가 생각될 지경이다. 그렇지만 나는 이 고달픈 고개를 넘으면서 인간의 민낯과 만날 수 있었다. 얼굴도 전혀 알지 못 하는 사람들이 단지 같은 순간 같은 길을 가고 있다는 인연만으로 흔쾌히 도움의 손을 내밀고 힘을 모아 같은 목표를 향해 가는 모습을 보면서 양심과 배려에 대해 생각하게 되기 때문이다.

드디어 푸엔테 라 레이나Puente la Reina에 도착했다. 푸엔테 라 레이나는 '왕비의 다리'라는 뜻이다. 이 마을을 통과하려면 아르가 강Rio Arga을 건너야 하는데 중세시대에 순례자들이 늘어나면서 징검다리를 건너다가 휩쓸려 떠내려가는 사고가 자주 일어났다고 한다. 스페인 국왕 산초 3세Sancho III의 부인 도나 마요르Dona Mayor 왕비가 이를 안타깝게 여기고 로마네스크 양식의 멋진 다리를 세우게 했고, 이 다리를 푸엔테 데 아르가Puente de Arga라고 불렀던 데서 유래한 이름이다.

중간에 아레나가 싸준 샌드위치를 먹긴 했지만 출출하다. 도중에 슈퍼가 있어 과일과 먹거리를 조금 사서 성당 근처 벤치에서 먹었다. 스페인에 있는 한국인 노숙자가 따로 없다. 팜플로냐 무숙박

통과, 덴마크 커플과의 만남 등 얼마간의 즉흥성과 우연한 만남으로 피레네산맥을 같이 넘었던 한국 사람들보다 하루 일정 정도 앞서게 된 것 같다. 어딘가에서 무작정 기다리고 있지 않는다면 다시 못 만날지도 모르겠다는 생각을 하면서 에스떼야Estella를 향해 다시 걷기 시작했다.

조그만 마을 로르카Rorca를 지나는데 '한국인 환영'이라는 안내문이 보인다. 말만 잘하면 소주도 한잔 준단다. 궁금한 마음에 안으로 들어갔더니 호세 아저씨가 한국말로 인사를 건너온다. 예전에 한국에 가본 적이 있고, 한국 사람들도 여기서 많이 묵어간다고 한다. 나도 여기서 머물겠다고 했더니 1인실을 내준다. 숙박료가 비쌀 것 같아서 물어보니 저녁식사 포함해서 15유로란다. 예상치도 못하게 혼자 방을 쓰는 행운을 얻었다. 짐을 풀고 샤워를 하고 누우니 너무나도 편하다. 불편하고 고생스럽다는 순례자 길 한복판에서 나는 15유로의 행복감에 취했다. 게다가 와이파이까지 빵빵 터진다.

저녁을 먹으러 내려가니 숙박객들이 다 모여 있다. 나까지 8명인데 남자가 나 하나뿐이다. 대충 자기소개를 하고 둘러앉아 식사를 했다. 피레네를 넘으면서 만났던 브라질 아주머니 헬레나가 있다. 엄청 열정적이고 활달하더니 여기까지 빨리도 왔다 싶어 놀랍기만 하다. 헬레나와는 앞으로도 인연이 꽤 깊다. 역시나 여자들의 수다는 국제적인 문화였다. 세계 각지에서 찾아온 여자들과 그들의 수다 속에서 와자지껄 정신없이 오늘 하루가 기울어간다.

그 곁에
익숙해지기

뜨겁고 지루하고 끝이 안 날 것만 같더니
비로소 로스 아르코스^{Los Arcos}가 모습을 드러낸다.
그동안 지나왔던 말끔하던 마을들과 달리
이곳은 좀 허름하면서도 묘한 인상을 준다.
마을 사람들의 외모에서도 다른 분위기가 느껴진다.
나중에 알아보니 여기는 예전에 아랍인들이 점령했던 도시로
아직까지 이슬람 문화가 남아 있어서
기독교와 이슬람의 건축 양식이 뒤섞여있다고 한다.

지난 밤 맘 편히 푹 잔 덕분인지 아주 상쾌한 기분으로 일어났
다. 짐을 챙기는데 와인이 한 병 보인다. '아! 오랜만에 맛좋은 와인
먹겠다고 사놓고 잊어버렸구나.' 아쉬운 맘이 들면서도 이것도 배
낭에 넣어 가면 결국 짐이란 생각이 들어 꾀를 하나 냈다. 알베르게
주인인 호세에게 아침식사와 이 와인을 바꾸자고 제안을 했다. 사람
좋은 호세는 껄껄 웃으면서 거래를 받아들이겠다고 한다. '이 친구
진짜로 친한파^{親韓派} 맞네.' 밑져야 본전이라는 생각으로 한 제안인

데 호세 덕분에 출발 전부터 사기가 오른다. 한국에 가면 이곳을 잘
소개해 줘야겠다.

아줌마들의 수다를 피해 출발을 조금 서둘렀다. 오늘은 도중에
아예기Ayegui 마을에 있는 이라체Irache라는 수도원에 들를 계획이
다. 958년부터 있었던 수도원인데, 순례자들에게 무료로 포도주를
나눠주는 것으로 유명하다. 옛날에 순례자들에게 포도주와 빵을 무
료로 나눠주며 순례를 격려하는 전통이 있었는데, 그 전통을 이어

지금도 순례자들에게 포
도주를 무료로 나눠주고
있는 것이다. 포도주는 수
도원이 아니라 이라체 양
조장에서 제공하는 것이
라고 한다. 어쨌거나 수도
꼭지만 틀면 포도주가 줄

줄 나온다는데 생각만 해도 기분이 짜릿하다.

　일찌감치 묵주기도를 하면서 걷기 시작했더니 어느덧 어제의
목적지였던 에스테야에 도착했다. 11세기 초 별빛에 이끌려 양치기
들이 성모상을 발견했다는 전설이 전해지는 곳으로, 그 연유로 도시
이름이 별을 의미하는 에스떼야가 됐다고 한다. 시골도시 치고는 규
모가 꽤 커 보인다. 마을을 벗어날 즈음 앞서가고 있는 브라질 아줌
마 헬레나가 보인다. 일찍 나섰다고 생각했는데도 나보다도 먼저 출
발했던가 보다. 쌀쌀한 날씨인데도 반바지 차림으로 아주 씩씩하게
걷는 모습이 참 건강해 보인다.

　걷기 좋은 오전에 조금 더 속도를 내보자는 생각을 하면서 산
길로 접어들었다. 그런데 산 입구에 들어서자마자 커다란 건물이
보인다. 성당처럼 보여 철문 안으로 들어가니 수도꼭지가 두 개 보
인다. 반가운 마음에 물통에 물을 채울 요량으로 다가갔는데, '어
라!' 비노Vino, 포도주라고 쓰여 있다. 수도꼭지를 살짝 돌려보니 정

말 보랏빛 포도주가 흘러나온다. 여기가 바로 이라체 수도원이었다. 왼쪽 수도꼭지에서는 포도주가 나오고 오른쪽 수도꼭지에서는 물이 나온다.

아뿔싸! 무료로 포도주를 마실 수 있는 이곳을 나는 오전에 왔단 말인가? 이럴 줄 알았으면 어제 오후에 서둘러 올 걸 하는 아쉬움이 밀려왔다. 그래도 매일 정해진 양이 제공되기 때문에 늦게 오는 사람들은 맛보지 못 할 수도 있다고 하니 아쉬움 맘을 털어내고 적당히 한잔으로 만족하자고 스스로를 타일렀다.

성당으로 들어가 보니 기도를 드리는 순례자들이 보인다. 순례길에서 미사를 드린다는 게 예상만큼 쉽지가 않다. 아쉬운 마음에서 미사에 참여할 수 있기를 기원하면서 서울에 있는 가족들을 위해 기도했다.

성당을 나오니 낮은 구릉과 밀밭이 끝없이 펼쳐져 있다. 한국의 '평야' 하고는 차원이 다르다. 지평선 끝까지 이어진 밀밭은 끝이 있을까 싶을 정도로 광대하다. 한국과 FTA를 체결할 때 이정도 면적으로 농산물을 생산해 낸다면 우리 농민들은 다 망하겠구나 싶다. 이쪽은 이쪽대로 이거 못 팔면 나라가 망하겠고, 한국 같은 곳은 좁은 땅에 노동집약적이니 싼값으로 밀려드는 농산물에 어쩔 도리가 없고, 정말 걱정이 앞선다. 마음도 착잡한데 그늘 하나 없는 땡볕 아래 밀밭 길은 정말 하염없이 이어진다.

뜨겁고 지루하고 끝이 안 날 것만 같더니 비로소 로스 아르코스Los Arcos가 모습을 드러낸다. 그동안 지나왔던 말끔하던 마을들과 달리 이곳은 좀 허름하면서도 묘한 인상을 준다. 마을 사람들의 외모에서도 다른 분위기가 느껴진다. 나중에 알아보니 여기는 예전에 아랍인들이 점령했던 도시로 아직까지 이슬람 문화가 남아 있어서 기독교와 이슬람의 건축 양식이 뒤섞여있다고 한다. 산티아고 순례길은 기독교와 이슬람교의 1천년의 애증愛憎을 간직하고 있는 길이기도 했던 것이다.

우선 알베르게부터 정하기로 했다. 오늘도 사립으로 갈 생각이다. 이유는 오직 한 가지. 와이파이가 터지기 때문이다. 문명을 내려놓고 이곳에 왔지만, 완벽하게 문명에서 떨어져 나오기는 참 어려운 것 같다. 침대를 배정받고 동네를 한 바퀴 둘러보기 위해서 다시 나왔다. 호스피탈로가 알려준 편의점에 찾아가보니 문이 닫혀있다. 이 시간에 문을 닫았나 하고 이리저리 살펴보니 저녁 8시에 다시 문을 연다는 안내문이 붙어있다. 시에스타라고 보기에도 고개가 갸웃

거려질 만큼 늦게까지 문을 닫는다는 생각이 든다. 시에스타^{siesta}는
스페인어로 점심시간 후의 '달콤한 낮잠' 이란 뜻이다. 그리스, 아르
헨티나 등 지중해 연안과 남미 라틴계 국가들에는 여전히 이런 낮잠
자는 풍습이 남아있다.

틈을 이용해서 성당 쪽으로 발을 옮겼다. 성당의 앞마당이 꽤
넓어서 광장 같은 분위기가 난다. 아닌 게 아니라 주위에 바도 있고
곳곳에 파라솔이 펼쳐져 있다. 성당을 둘러보는데 여기저기서
"Lee"를 불러댄다. 그동안 까미노에서 열심히 인사를 나눴더니 나
를 알아보는 외국인 친구들이 꽤 많아졌다. 그날은 저녁에 미사가
없어서 어떡할까 망설이던 참이었는데, 성당 옆 벤치에 앉아있는 한
국인 대학생이 보인다. 그 젊은이도 슈퍼가 열리기를 기다리고 있다

고 해서 바에 가서 맥주라도 한잔 하자고 청했다.

출출했던 두 남자는 서로 반가운 눈빛을 주고받으며 바에 자리를 잡았다. 와인과 함께 식사 겸 안주거리를 주문하고 나니, 아침에 지나온 이라체수도원의 공짜 포도주가 떠올라 혼자 아쉬운 입맛을 다셨다. 한국인 대학생이 나더러 인기가 좋다고 한다. 그 말에 외국인들이 기억하기 쉽게 내 소개를 'Lee'라고 했을 뿐이라고 설명했더니 이 친구가 무릎을 치면서 감탄한다. 내일 다시 만나게 되면 동행하자는 얘기를 나누고 헤어졌다. 날씨는 제법 쌀쌀한데 상쾌한 저녁이다.

다음날 아침에 일어나니 주방에 간단한 먹을거리가 마련되어 있다. 사립 알베르게가 공립보다 좀 비싸기는 하지만 이런 서비스가 있다. 물론 먹거리라고 해도 커피나 녹차, 바게트와 비스킷이 전부다. 그래도 빵에 잼을 발라서 커피와 먹고 나면 한 끼가 해결된다. 그리고 지나가는 마을의 편의점에 들러 과일과 먹을거리를 사두면 그게 점심이다.

어제 저녁 발이 몹시 아파서 살펴봤는데 다행히 아직 물집은 잡히지 않았다. 그래도 발 상태 때문에 다음날 걸을 수 있을지 걱정을 했는데, 등산화 끈을 질끈 매고 났더니 신기하게도 아무렇지도 않다. 아직 어둠은 깔려있지만 바깥 공기가 상쾌하다. 일주일 정도 걸은 터라 이제는 걷는 것에도 자신이 좀 붙었다. 두어 시간 걸어도 쉬었다 가자는 생각이 들지 않을 정도는 됐다.

이곳은 정말 땅덩어리가 넓다. 지평선이 끝없이 이어지는데 온통 다 밭이다. 그 넓은 밭에도 가끔 트랙터만 왔다 갔다 할 뿐이다. 농작물은 밀, 해바라기, 땅콩, 올리브, 포도나무 등 여러 가지다. 마을에서 만난 스페인 사람들도 참 친절하다. 끊임없이 순례자들이 지나갈 텐데도 순례자들에게 관심을 보이면서 이것저것 열심히 설명을 해준다. 그리고 한국에서 왔다고 하면 꼭 물어보는 것이 있다. 남이냐 북이냐를 손짓으로 묻는데 나도 손짓으로 남쪽이라고 하면 엄지손가락을 치켜든다. 한국전쟁 당시 참전국이라 그런지 한국 사람들에 대해 관심이 많다. 이런 시골구석에서도 한국을 알고 있는데 과연 어떠한 모습으로 기억하고 있는지 궁금했다. 스페인어를 전혀 할 줄 모른다는 게 무척 안타까웠다.

순례길을 걷다 보면 날짜나 요일에 무감각해지게 마련이다. 그

래도 오늘은 금요일이니 조금 큰 도시인 로그로뇨^{Logrono}에서 숙박을 해볼까란 생각이 들었다. 큰 도시로 가면 대성당도 구경할 수 있고, 까르푸 같은 대형 할인마트도 있다고 하니 생필품을 구하기도 쉬울 듯하다. 또 숙소에 주방만 있으면 밥도 해먹을 수 있다는 기대감에 발걸음을 재촉했다.

스페인은 도시마다 성당이 많이 있는데, 대성당이라 불리는 까떼드랄^{Catedral}은 대개 큰 도시에 있다. 소도시에는 작은 성당이라 불리는 이글레시아^{Iglesia}가 여러 개가 있는 경우가 많다. 이곳의 성당과 비교하면 한국의 성당은 참 소박하다. 스페인의 성당은 프랑스의 성당보다도 규모도 크고 화려한 것 같다. 심지어 제대에 놓인 장식물까지도 무척 화려하다.

에브리오 강Rio Ebro을 가로지르는 피에드라 다리Puente de Piedra를 건너 로그로뇨에 들어섰다. 로그로뇨는 로마시대에 건설된 매우 유서 깊은 도시이다. 중세 때는 양모 생산지였는데 산티아고 데 콤포스텔라로 가는 길목에 위치한 탓에 발전했고, 지금은 포도 재배지역으로 아주 유명하다.

도시에 들어서니 커다란 성당이 여기저기 보이고 자동차들과 많은 사람들로 북적인다. 예상보다 더 복잡한 도시다. 공립 알베르게는 도심 한가운데 있었다. 알베르게에서 체크인을 하고 보니 다들 빨래를 한다. 순례자들이 숙소에서 배낭을 내려놓기 무섭기 하는 일이 바로 빨래다. 마음 놓고 쉬기 전에 빼놓지 않고 해야 할 하루의

일과이다.

일찍 도착한 몇몇 친구들은 벌써 빨래를 끝냈는지 맥주를 마시면서 담소를 나누고 있다. 나도 부랴부랴 빨래를 하는데 어제 만났던 한국인 대학생이 알베르게로 들어온다. 반갑게 인사를 하고 둘이서 신나게 까르푸로 장을 보러 갔다. 대형 할인마트에는 정말 없는 게 없다. 순례길에서 이런 곳도 와보게 되는구나 희한한 기분이 들면서도 여기도 사람 사는 동네가 틀림없구나 싶어 웃음이 나왔다.

드디어 오늘 처음으로 미사에 참석했다. 산타마리아 대성당으로 7시 미사를 드리러 갔다. 미사 도중 신부님께서 순례자들을 제단 앞으로 나오라고 하시더니 한꺼번에 강복을 주신다. 감사하는 마음에 새삼 순례의 의미를 다시 되새기게 됐다. 벅찬 마음에 다시금 매일 미사에 참석하면 좋겠다는 생각이 들었다.

알베르게로 돌아와 주방에서 저녁을 준비하는데 옆에서 이탈리아 친구들도 식사 준비를 한다. 파스타를 삶아서 건져놓고는 소스를 만들어 그 위에 붓는다. 그리고는 씻어둔 여러 가지 야채와 함께 오일과 식초를 넣고 버무려서 그냥 먹는다. 참 간단하다. 우리는 밥을 하고 햄과 달걀을 준비하고 성당 근처 동양식품점에서 사온 라면을 끓여서 저녁을 먹었다. 오랜만에 국물에 밥을 말아 먹으니 속이 확 풀리면서 든든하다.

배도 부르고 나른한 기분에 사들고 온 와인을 나눠 마시면서 이런저런 이야기를 하고 있는데 갑자기 빗소리가 들린다. 후다닥 뛰어나가 널어놓은 빨래를 걷어왔다. 이런 내 모습에 또 웃음이 난다. 비 온다고 빨래 걷으러 뛰어나가다니 이게 도대체 언제 적 일인가 싶다. 그런 한편으로 내일 아침에는 비가 개어있으면 좋겠다는 생각도 든다.

오늘도 발이 좀 아프다. 집에서 가져온 맨소래담으로 마사지를 하고 오늘 하루 걸어온 길을 잠깐 돌이켜봤다. 내일은 또 어떤 순례 길이 나를 기다리고 있을까 궁금해진다.

까미노에서 맞은 추석

오늘도 신부님이 순례자들을 제단 앞으로 부르시고
축복을 해주신다.
추석 전날이라는 생각에 은혜로운 마음이 더 많이 든다.
괜히 나를 위해 특별히 축복을 내려주신다는
착각 아닌 착각이 들 정도로 마음이 흐뭇하다.

새벽부터 비가 내린다. 비가 내리는 날은 몸도 마음도 분주해
진다. 비옷을 입고 배낭과 침낭이 물에 젖지 않도록 채비도 단단히
해야 하지만 비를 맞으며 걸어야 한다는 부담감이 훨씬 크다. 그런
데 서양 사람들은 날씨에 아랑곳하지 않는 듯 용감하게 출발한다.
비가 내리는 날에도 호스피탈로들은 변함없이 새벽길을 나서는 순
례자들을 한 명씩 따스하게 배웅해준다. 첫날 감명 받았던 것처럼
여전히 나에게는 이 모습이 참 인상적이다.

독일에서 왔다는 두 사람과 한국인 남자 대학생과 함께 길을 나서려는데 문제가 생겼다. 남학생의 신발이 없어진 것이다. 독일에서 온 친구들이 호스피탈로에게 사정을 설명했더니 호스피탈로도 드문 일이라면서 굉장히 난처해한다. 남는 신발 중에서 맞는 게 있는지 신어보라는데 마땅한 게 없다. 일단 등산화를 먼저 사러 가야겠다고 했더니, 이른 시간인데다가 토요일이어서 상점이 문을 열었을지 모르겠다고 얘기해준다. 큰 도시라서 상점들도 규모가 있긴 한데 토요일이나 공휴일에도 시에스타라고 해놓고 쉴 때가 있다고 걱정스럽게 말한다. 특별한 날이나 정해진 시간이 아니더라도 시에스타라고 문을 닫으면 그냥 그렇게 이해하는 것이 이곳 문화였다.

별 수 없이 우리는 상점 부근에 있는 바에 가서 차를 한잔 하면서 기다려 보기로 했다. 독일 친구들이랑은 제대로 얘기를 나눈 적도 없었는데 이들도 상점에 가겠다며 우리를 따라나섰다. 오누이인 줄로만 알았던 이 둘이 여기 와서 처음 만난 사이라고 해서 깜짝 놀랐다. 젊은 남자 쪽은 독일로 유학을 간 친구였고, 여자 쪽은 독일 교포였다. 새롭게 만난 사람들끼리 금방 친해져서 같이 여행하는 모습이 참 보기 좋았다.

바에 앉아 빗소리를 듣고 있자니 불현듯 내일이 추석이란 사실이 떠오른다. 명절 전날이니 오늘 작은집 식구들이 오겠구나 하는 생각이 들면서 집사람과 아이들 생각이 간절해졌다. 이런저런 상념에 빠지기도 하고 같이 이야기도 나누는 사이 다행히도 상점이 문을 열었다. 남학생은 등산화를, 독일에서 온 친구는 우의를 새로 장만했다. 우의를 입으니 전형적인 순례자의 행색이다.

채비를 갖추고 길을 나섰다. 예상보다 출발이 많이 늦어졌다. 벤토사Ventosa까지 갈 예정이었는데 아무래도 나헤라Najera에서 숙소를 구해야 할 것 같다. 그런데 독일에서 온 친구들이 계속 뒤처진다. 출발도 늦은데다 일정을 맞춰야 해서 섭섭하긴 해도 이들과는 나바레떼Navarrete에서 헤어지게 됐다. 나바레떼도 다른 마을과 마찬가지로 가장 큰 건물은 성당이었다. 다른 곳과 비교하면 작은 규모였지만, 17세기 말경 완성된 바로크 양식의 성당은 위엄 있는 모습으로 굳건히 서 있었다. 성당 이름이 성모승천 성당이다. 성모상 앞에서 잠깐 기도를 올리고 바로 발길을 재촉했다.

남학생과 둘이서만 걷게 되니 점점 속도가 붙는다. 역시 젊은 친구라 걸음도 빠르고 아주 잘 걷는다. 그런데 표정이 별로 좋지 않다. 까닭을 물어보니 영국에서 어학연수 중에 순례길을 경험하고 싶어서 큰 맘 먹고 왔는데 뜻하지 않게 등산화를 새로 사는 바람에 큰 돈을 지출한데다 신발이 없어진 게 영 기분이 좋지 않다고 한다.

와인으로 유명한 지방답게 오늘은 줄곧 포도밭을 끼고 걷는다. 포도밭 저 너머에는 낮은 구릉이 펼쳐져 있다. 그리고 순례길 주변으로 제법 큰 나무들이 드문드문 서 있고 여러 가지 나무 열매들이 꽤 많이 떨어져 있다. 복숭아씨 같은 것이 보여 궁금해서 깨어보니 피칸이 나왔다. 피칸 열매는 처음 봤는데 참 신기하다.

저 앞에 다리가 불편해 보이는 사람이 나무지팡이를 짚고 걸어
간다. 따라붙어 말을 건넸더니 이탈리아에서 온 군인이다. 이 군인
은 산티아고까지 완주하지는 못 하고 도중에 이탈리아로 돌아갔다
가 다음 휴가 때 다시 와서 남은 순례길을 마저 마칠 계획이라고 한
다. 나는 죽기 전에 꼭 해보고 싶었던 일이 산티아고 순례길에 오는
것이었음에도 평생토록 한 번 오기도 힘들었는데, 이 군인의 처지가
참 부러웠다.

어느덧 벤토사에 도착했다. 약 10㎞ 정도를 더 가야 나헤라에
도착한다. 지도를 보니 주위에 아무 표시가 없다. 이건 그저 들판뿐
이란 뜻이다. 오늘은 종일 단조로운 들판길만 걷게 될 것 같다. 이런
길에서는 일행이 있더라도 말이 필요 없고 그저 묵묵히 참고 걸어야
한다. 그래도 이런 속도라면 2시간 반 정도면 오늘 목적지인 나헤라
에 도착할 수 있을 것 같다. 숙소에 너무 늦게 도착하지 않으려면 그
저 열심히 걷는 수밖에 없다.

드디어 나헤라가 모습을 드러낸다. 나헤라는 11~12세기 나바
라왕국의 수도였던 역사적인 마을이다. 이곳에 있는 산타 마리아 데
라 레알 수도원Monasterio Santa Maria de la Real은 나바르 왕과 여왕, 나
바르 기사단의 무덤이 있는 곳으로 역사적인 의미와 함께 아름다운
건축물로도 유명하다.

마을 입구에 도착하니 거창한 안내판이 세워져 있다. 산티아고
까지 576㎞ 남았다는 내용이다. 산티아고가 점점 가까워지고 있다

는 사실에 가슴이 두근거린다. 빨리 숙소를 잡아야 하기 때문에 서둘러 알베르게로 향했다. 공립 알베르게에 가보니 이층침대가 줄줄이 붙어있다. 처음 보는 침대 배치에 깜짝 놀랐다. 추석 전날이니 시설이 좋은 사설 알베르게에서 묵기로 마음을 바꿨다.

강변에 있는 사설 알베르게는 거의 호텔급이다. 그런데 벌써 자리가 다 찼다. 다행히 마을 한가운데쯤에 식당에서 운영하는 사립 알베르게가 또 있다고 소개를 해준다. 그곳으로 가는 도중에 브라질에서 온 헬레나를 만났는데, 이 친구도 같은 알베르게로 가는 중이란다. 식당 주인은 브라질에서 온 사람이었다. 둘 다 많이 피곤했던 터라 침대가 두 개 있는 방을 배정받았다. 그런데 아쉽게도 이곳은 와이파이가 안 된다. 추석 전날이니 비싼 국제전화로라도 가족들에게 연락을 해야겠다.

7시 미사시간에 맞추어 성당에 갔다. 산타크루즈라는 제법 큰 성당이다. 오늘은 아침부터 마음이 번잡했던 탓인지 불현듯 나 혼자만의 시간이란 생각에 마음이 편안해진다. 추석 전날에 드리는 미사이니 한국인 신자로서 특별한 의미이기도 하고, 까미노를 걷기 시작한 뒤로 몇 차례 미사에 참석하면서 순례자로서의 임무를 더 충실히 하고 있다는 느낌도 든다.

신부님의 말씀을 알아들을 수는 없지만, 미사시간이면 새삼 내가 이 시간 이곳에 있다는 사실에 가슴이 떨리곤 한다. 이제 미사 순서도 대충 알게 되었고 평화의 인사나 성체 전례를 하는 것도 어색하지 않게 되었다. 오늘도 신부님이 순례자들을 제단 앞으로 부르시

고 축복을 해주신다. 추석 전날이라는 생각에 은혜로운 마음이 더 많이 든다. 괜히 나를 위해 특별히 축복을 내려주신다는 착각 아닌 착각이 들 정도로 마음이 흐뭇하다. 오늘도 여기까지 무사히 올 수 있게 해주신 것에 감사드리고, 다른 순례자들도 모두 아무 탈 없이 순례길을 마칠 수 있기를 빌었다. 그리고 나를 이곳으로 이끌어 주신 주님께 다시 한 번 감사를 드렸다.

특이하게도 이곳의 여신자들은 미사포를 쓰지 않는다. 아내가 산티아고에 가면 꼭 미사포를 사다달라고 부탁했는데 과연 살 수 있을까 의문이 든다. 이곳은 한국의 성당과 비교하자면 미사 분위기가 더 자유롭다. 미사가 진행되는 중에도 제대 중앙의 통로를 제외하고는 양쪽 가장자리 통로로 사람들이 왔다 갔다 한다. 그럼에도 모두들 미사에 집중하고 있기 때문에 경건한 분위기를 방해하지는 않는다.

미사를 마치고 저녁을 먹기 위해 번화가로 나오니까 토요일이라서 그런지 온 동네가 축제분위기다. 통돼지 바비큐를 파는 곳이 있는데 고기에 빵, 와인까지 주고 3유로다. 저렴한 가격에 맛있는 바비큐를 맛볼 수 있었다. 발길 닿는 대로 어슬렁거리다가 흑인들 몇몇이 무리지어 있는 것을 보았다. 스페인에 와서 처음으로 본 흑인들이었다. 궁금해서 말을 건네 보니 스페인으로 일하러 온 아프리카 사람들이었다. 추석 전날 혼자라는 생각에 괜스레 마음이 싱숭생숭해져 일찍 숙소로 돌아와 잠을 청했다.

다음날은 새벽 일찍 일어나 집으로 전화를 했다. 명절에 장남이 집을 비워 부모님과 형제들에게 죄송한 마음이 크다고 했더니 도리어 무사히 잘 마치고 오라고 나를 격려해 주신다. 가족들에게 송구한 마음과 감사한 마음이 교차한다.

일찍 일어난 김에 새벽길을 떠나기로 했다. 오늘은 평소보다 조금만 갈 계획인데 생각대로 될지는 모르겠다. 새벽에 비가 잠깐 지나가더니 걷기 좋은 선선한 날씨가 되었다. 산토 도밍고 데 라 칼사다Santo Domingo de la Calzada라는 조금 큰 도시를 지날 즈음 어제부터 동행하게 된 친구가 부쩍 속도를 내기 시작한다. 중간쯤에서 다시 만나기로 하고 나는 좀 천천히 걷기로 했다. 또 다시 혼자가 되었다. 혼자 걷노라니 진짜 순례자 같은 기분에 빠져든다.

쉬엄쉬엄 가고 있는데 자전거 한 대가 지나간다. 예전에 만났던 에어로빅 강사를 한다는 캐나다인이 그 옆에 동행하고 있다. 자전거를 타고 온 친구는 폴란드에서 왔는데 영어는 서툴지만 엄청 재미있는 친구란다. 이 둘은 벌써 몇 번을 다시 만났다면서 장난을 치면서 신이 나서 가고 있다. 이곳에서는 조금만 인상적인 사람은 금세 소문이 쫙 나게 마련이다. 나도 한국에서 온 Lee로 누군가에게 기억되고 있는 것처럼 말이다.

앞서간 친구가 기다릴 걸 생각하니 나도 모르게 발길이 빨라진다. 어느새 조금씩 어스름이 내려앉기 시작한다. 지도를 살펴보니 주변에 작은 마을들만 몇 개가 이어져 있는 지점이다. 알베르게가 없을지 모르겠다는 불안한 생각이 든다. 마을 사람에게 물으니 조금 더 가라고 한다. 얼마나 더 가야 하는지 물었더니 다른 말은 전혀 못 알아 듣겠고 "꽈또르"라는 말만 들린다. 갸우뚱하면서 처다봤더니 손가락 4개를 편 채 뭐라고 열심히 설명을 해준다. '아하! 4㎞ 더 가라는 말이 구나!' 역시 궁하면 통한다고 나도 스페인어 눈칫밥이 늘고 있다.

부지런히 걸었는데도 날이 어두워진 후에야 빌로리아 데 리호아 Viloria de Rioja라는 마을에 도착했다. 알베르게는 보이질 않고, 작은 호텔 앞에 누군가 서 있는 게 보인다. 여행 온 미국인이었는데 마을 아래쪽에서 숙소 비슷한 것을 본 것 같다고 한다. 서둘러 그쪽으로 가보니 사설 알베르게였다. 천만다행하게도 침대를 배정받았고, 방에 들어가니 벽난로까지 있다. 그동안 추위에 떨며 다녔는데 너무나 안락하고 좋은 숙소였다. 불쑥 집 나오면 개고생이라더니 추석날 내 처지가 이게 뭔가란 생각이 들었다.

짐 정리를 하는데 누가 "Lee"하고 부른다. 브라질에서 온 헬레나가 이탈리아 친구들과 얘기를 나누고 있었다. 반갑게 인사를 나누며 식당으로 건너갔더니 쌀밥, 샐러드, 콩스프 등 여러 가지 음식이 차려져 있다. 모두 둘러앉아 와인까지 곁들여 배불리 저녁을 먹었다. 그런데 폴란드에서 온 친구를 비롯해 유럽에서 온 사람들이 갑자기 스페인어로 얘기를 나누기 시작한다. 여기 호스피탈로가 브라질 사람이고, 이 마을이 바로 파울로 코엘류의 소설에 나왔던 곳이라고 한다. 그래서 헬레나도 일부러 이곳을 찾아왔다고 한다.

이곳은 10여 명 정도가 묵을 수 있는 규모인데, 이층침대가 다

닥다닥 붙어서 놓여있는 일반적인 알베르게에 비해서 정말 쾌적하
다. 오늘 고생한 보람이 있었다. 계획이 어긋나는 바람에 예정에 없
던 곳에서 묵게 됐는데 이렇게 좋은 숙소에서 쉴 수 있게 된 것이 행
운처럼 느껴졌다.

　　잠자리에 들기 전 이런 생각을 했다. 나는 과연 이 순례에서 무
엇을 얻고자 하는가? 마음의 안식이었을까? 문득 내가 가지고 있는
신앙과 믿음이 어떤 것인지 알고 싶었던 게 아닐까 하는 생각이 들
었다. 그리고 나이 50을 넘기면서 스스로 살아온 세월을 되짚어 보
는 시간이 필요했었다는 것을 깨달았다.

　　'주님, 길 잃은 양에게 오늘도 좋은 숙소를 주시고 행복한 외로
움과 뜻밖의 기쁨을 주심에 감사드립니다!'

Chapter 07

등산화의
마술

:::::

오늘은 산 후안 데 오르테가^{San Juan de Ortega}까지 갈 계획이다.
마을 이름은 '쐐기풀의 성 요한'이란 뜻으로,
쐐기풀이란 이름에 걸맞게 거칠고 외진 곳이라서
과거에는 순례자들을 터는 산적들이 많은 것으로
악명이 높았다고 한다.

벌써 10월 1일이다. 한낮에는 햇볕이 따가우면서 덥지만 아침
저녁으로는 약간의 한기가 느껴진다. 어제 처음으로 하루에 40㎞를
넘게 걸었는데 잠을 푹 자고 났더니 개운하고 기분이 좋다. 역시 잠
이 보약이다. 다른 사람들이 깰까봐 조심스럽게 거실로 나가 지도를
살펴보며 오늘 일정을 확인했다. 어느덧 내일이면 전체일정의 약
1/3지점인 부르고스^{Burgos}에 도착한다.

이 알베르게는 규모가 작아도 화장실과 샤워실이 넉넉해서 붐

비지 않게 이용할 수 있다. 여행자를 위해 안내책자도 여러 권 비치해뒀고 기념품도 몇 가지 판매하고 있다. 게다가 와이파이도 무료로 이용할 수 있다. 여유로움과 편안함에 여행자를 위한 주인의 배려까지 이곳이 인기 있는 알베르게일 거라는 짐작이 든다. 어제 생각했던 대로 우연히 찾아들어와 침대까지 얻을 수 있었던 나는 정말 행운아였다.

이곳은 신기하게도 숙박비를 기부제로 운영하고 있었다. 이용자 스스로 정당하다고 여겨지는 비용을 지불하는 것이다. 이런 곳이 처음이다 보니 밥값과 숙박비를 어떻게 계산하면 좋을지 고민이 된다. 헬레나와 머리를 맞대고 상의하다가 결국 주인에게 다른 사람들은 어떻게 하는지 물어보았다. 대개 5유로 이상을 낸다고 얘기해준다. 나는 얼른 10유로를 꺼내서 기부함에 넣었다. 나로서는 뜻하지 않게 거머쥔 행운으로 행복했던 하룻밤이었다.

"Donativo" 어감이 참 좋다. 단어 자체에서 자발적인 느낌이 든다. 그 후로 기부제 알베르게를 몇 군데 다녀보니 기부제로 운영되는 곳이 대체로 더 깨끗하고 훈훈한 분위기가 느껴졌던 것 같다. 기부제 알베르게는 어느 정도 관리인이 순례자에게 봉사하는 셈이라고 볼 수 있다. 하지만 관리인 스스로 자부심을 가질 수 있을 정도로 신경 써서 운영하기 때문에 기부제로 운영할 수 있는 것이라고 생각한다. 그리고 숙박객들은 자신이 누린 편안하고 아늑한 휴식에 대한 마음의 답례를 당연하게 표하는 것이다. 아무 말 없이도 서로 살가움과 고마움을 느끼면서 마음에 마음으로 화답하는 것을 서서히 몸으로 체득하고 실현할 수 있게 되는 곳이 까미노라는 생각이 든다.

마을을 벗어날 즈음 어느새 주위가 밝아졌다. 언덕 아래로 넓은 밀밭이 펼쳐져 있다. 저만치 앞에 이탈리아 처자와 폴란드에서 온 친구들이 가고 있다. 묵주기도를 하면서 언덕길을 내려갔다. 거의 평지에 다다라 고개를 들었는데 앞서가던 친구들이 하나도 보이질 않는다. 이상하다 싶어 주위를 둘러보니 드넓은 밀밭을 가로질러 가고 있다. 얼마나 많은 사람들이 다녔는지 아예 지름길이 생긴 것이다. 나도 따라 밀밭 길로 접어들었다. 문득 이런 말이 생각난다. '혼자가면 길이지만 함께 가면 역사가 된다.' 역시 많은 사람들이 지나가면 또 다른 길이 생긴다.

그런데 앞서 가던 친구들이 자꾸 뒤를 돌아본다. 처음에는 나를 향해 손을 흔드는 줄 알았는데 알고 보니 내 머리 뒤로 태양이 떠오르고 있다. 거대한 아침 해가 온 들판을 벌겋게 물들이며 떠오른다. 정말 장관이다. 내 앞으로는 아주 긴 그림자가 생겼다. 이렇게 기다란 그림자는 처음이다. 내가 동쪽에서 서쪽으로 가고 있다는 것을 다시금 깨닫게 된다. 까미노에 관한 책을 읽을 때 가장 많이 언급된 것이 그림자 이야기였다. 다들 자기 그림자를 찍어서 올린다. 사진으로 재미있게 봤던 그림자가 실제로 봐도 참 신기하고 기이하다. 그렇게 우리는 매일 자신의 그림자를 친구 삼아 계속 나아간다. 부지런히 발을 놀려 앞서간 친구들하고 합류했다.

벨로라도Belorado라는 도시에 도착했다. 어제 무리해서 40km를 걷지 않았다면 아마 오늘 이쯤에서 묵었을 곳이다. 제법 큰 마을인데 마을 중간에 성당이 있다. 여기도 산타마리아 성당이라고 불린다. 일행들과 같이 성당을 둘러보았다. 이 친구들도 모두 가톨릭 신자다. 같이 미사를 드린 적도 있었지만, 같이 묵상 하는 기분은 또 달랐다. 왠지 모를 평온함 같은 것이 느껴졌다. 이런 게 같은 종교를 믿는 사람들끼리 느낄 수 있는 결속력(?)일까? 아무쪼록 오늘 저녁에도 미사를 드릴 수 있으면 좋겠다.

도시 한가운데를 지나던 중 바닥에 새겨진 핸드프린트를 발견했다. 폴란드와 이탈리아 친구들이 한참을 살펴보더니 모두 유명한 사람들이고 몇몇은 올림픽 메달리스트 같다고 한다. 스페인 운동선

수들을 알 턱이 없는 나로서는 아무리 봐도 누가 누군지 모르겠다. 이 친구들은 재미나게 핸드프린트를 들여다보며 수다를 떤다. 나는 먼저 가겠다고 인사를 하고 발길 재촉했다.

오늘은 산 후안 데 오르테가 San Juan de Ortega 까지 갈 계획이다. 마을 이름은 '쐐기풀의 성 요한'이란 뜻으로, 쐐기풀이란 이름에 걸맞게 거칠고 외진 곳이라서 과거에는 순례자들을 터는 산적들이 많은 것으로 악명이 높았다고 한다. 그런데 비야프랑카 몬테스 데 오카 Villafranca Montes de Oca 부터 오

르테가까지 12㎞ 구간은 산 고개를 세 개나 넘어야 하는 만만치 않은 구간이다.

세 번째 고개에 올라 한없이 이어지는 소나무 숲을 지나다가 프랑스에서 온 부부를 만났다. "어디에서 시작했냐"며 말을 걸어와서 "생 장 피드포르"라고 하니까 반갑게 "St Jean Pied de Port~~"라며 본토 발음으로 되받는다. 이 사이로 새어나오는 바람소리가 섞인 프랑스어가 참 멋지게 들린다.

프랑스 부부는 느긋하게 가는 중이라고 해서 이들을 지나쳐 다시 홀로 산길을 걷기 시작했다.

오늘따라 유난히 얼른 쉬고 싶다는 생각이 간절하다. 어제의 피로가 이제야 몰려오는 듯하다. 한참을 걷다가 공원 같기도 하고 고속도로 휴게소 같기도 한 곳이 나왔다. 옆에 커다란 수도원이 딸려있는 성당이 있고, 그 옆에 성당에서 운영하는 알베르게가 있다. 어느덧 4시도 다 되었고 몸도 피곤해서 이곳에서 머무르기로 결정했다.

수속을 마치고 나서 대충 짐을 정리하고 식당으로 갔다. 오늘은 혼자라서 순례자 메뉴를 예약했다. 밖에 나와 벤치에 앉아있으니 햇살이 참 좋다. 노곤하니 피로가 몰려온다. 그때 마침 헬레나가 지나간다. 바로 오늘 아침에 헤어졌는데도 다시 보니 반갑다. 벤치에 한참을 앉아있더니 조금 더 가야겠다고 한다. 새로운 일행들과 좀 더 나은 알베르게를 찾아갈 생각이란다. 잘 있으라고 인사를 하더니 글쎄 갑자기 내 머리에 뽀뽀를 한다. '오~ 마이 갓!' 가볍게 허그를 할 거라고 생각했던 나는 잠깐 당황하지 않을 수 없었다. 역시 외국인들은 자유분방하다.

오늘은 알베르게 옆에 있는 산 니콜라스 성당에서 저녁 미사를 드렸다. 미사에 참석한 사람들은 대부분 순례자인 듯하다. 신부님이 순례자들을 다 부르시고 차례차례 강복을 주신다. 이럴 때면 항상 감사한 마음이 든다. 세계 각지에서 온 사람들 한 명 한 명 세심하게 살펴주시는 신부님들이 너무 고맙다. 한편으로 고생스럽지만 행복한 시간을 보내게 해주신 주님의 은혜도 떠올리게 된다. 미사가 끝나고 나니 갑자기 허기와 피로가 몰려온다. 식당에 가니 오늘은 아는 사람이 아무도 없다. 새로운 사람들과 어우러져 함께 식사를 하면서 이야기를 나눴다. 10월의 첫날도 이렇게 기분 좋게 지나간다.

이층침대에서 내려오는데 왼쪽 발바닥이 몹시 아프다. 어젯밤 잠들기 전에 멘소래담으로 열심히 마사지를 해주었는데도 '이 발로 걸어갈 수 있을까' 걱정이 될 정도다. 아무튼 대충 세수를 하고 배낭을 꾸렸다. 다음 마을에서 아침을 먹을 생각으로 거기까지 가는 동안 발 상태를 살펴보기로 했다. 그런데 참 신기하게도 등산화만 신고 나면 아프던 발이 언제 그랬냐는 듯 멀쩡해진다.

헤드랜턴을 차고 숲속으로 들어섰다. 해가 있는 낮 시간에도 숲길은 어두울 때가 많다. 특히나 새벽에는 앞서가는 사람들의 불빛을 주의 깊게 보면서 걸어야 한다. 오늘도 동이 터오는 걸 볼 수 있겠다는 기대감에 발걸음이 가벼워진다. 아무리 봐도 질리지 않는 키다리 내 그림자도 기다려진다.

이제 묵주기도를 하는 것도 꽤 적응이 되어 새벽길에서도 묵주기도를 할 수 있을 만큼 여유가 생겼다. 오히려 아직 어두움이 다 걷히지 않았을 무렵 묵주기도를 하고 있으면 은혜로운 마음이 들어 이 시간에 기도하는 걸 즐기게 되었다. 기도는 주로 가족들의 건강을 기원하는 내용이다. 또 나 자신을 위해, 내 신앙의 심지를 굳건히 해

달라는 바람도 잊지 않는다.

숲을 지나니 양 옆으로 추수가 끝난 넓은 밭이 보인다. 울타리가 쳐져있는 것으로 보아 밭이 아니라 목장일지도 모르겠다. 그 순간 해가 떠오르면서 앞에 뭔가 커다란 물체가 보인다. 놀란 마음에 자세히 보니 커다란 소가 앉아있다. 그것도 한두 마리가 아니라 여러 마리가 멀뚱멀뚱 나를 쳐다보고 있다. 순간적으로 '이 소들이 투우면 어떡하지?' 하는 두려움이 엄습했다. 울타리가 있는데도 가슴이 요란하게 쿵쾅거린다. 놀란 가슴을 억누르며 빠른 걸음으로 그 앞을 지나쳤다. '아이고, 놀래라!' 아무래도 소를 키우는 목장인가보다. 투우의 나라 스페인에서 이른 아침 혼자서 난데없이 소 여러 마리와 맞닥뜨리고 나니 간이 콩알만 해졌다.

아침식사를 하려고 아헤스Ages라는 마을에 들어갔다. 아침으로 빵과 커피만 먹는 것도 익숙해졌다. 여기에 슈퍼에서 산 과일 몇 가지만 곁들이면 훌륭한 한 끼 식사가 된다. 식당에 막 자리를 잡는데 익숙한 얼굴이 들어온다. 나도 모르게 벌떡 일어나서 "크리스틴"하고 소리를 지를 뻔 했다. 아이쿠! 잘못 봤다. 비슷하게 생긴 사람이다. 크리스틴은 내가 예전에 대학교 부속기관인 어학당에서 근무할 때 스코틀랜드에서 왔던 영어강사다. 유럽에 오니 비슷한 서양 사람도 만나게 된다. 문득 혼자만 다녀서 친구가 그리워져 이러나 하는 생각이 들었다.

오늘 가게 될 부르고스Burgos는 큰 도시라서 한국 사람들을 만

날 수도 있을 것 같다. 그동안은 되도록 대도시보다 작은 마을에서 묵었지만, 부르고스부터는 메세타meseta, 고원지대가 시작된다. 거의 사막과 같고 황량하다는 표현들을 많이 하는 곳이다. 이런 곳은 여럿이 함께 걷는 것이 좋을 것 같다. 그나저나 아는 얼굴들이 보이지 않는다. 아무래도 내가 너무 빨리 나아가고 있는 것 같다.

순례길은 항상 마을에서 마을로 이어지면서 뻗어있다. 좌우를 살펴보면 자동차 도로가 보이고 표지판도 잘 되어 있다. 황량한 길이나 끝없는 밀밭과 포도밭이 계속 이어지다가도 저 멀리 조그만 마을이 나타나고 어느새 또 다른 마을을 지나게 되는 식이다. 그리고 마을 안 성당 근처에 가면 수도가 있다. 이제는 물을 사지 않고 그냥 수도꼭지에서 물통을 채우고 그 물을 마시는 것이 습관처럼 됐다.

초등학교 때만 해도 운동장에서 뛰어놀고 나면 으레 수도꼭지에 입을 대고 벌컥벌컥 수돗물을 들이켰는데 지금은 생수를 사먹는 게 일반적이 되었으니 격세지감이 느껴진다.

마을을 몇 개 지나고서 큰 도시가 나타났다. 얼핏 보기에도 지금까지 지나온 도시 중에서 가장 큰 도시가 아닐까 하는 생각이 든다. 도시 초입에 무슨 공장지대 같은 게 있고, 한참을 더 걸어 들어가서야 도심이 나왔다. 도심에서는 알베르게를 찾기가 쉽지 않다. 조개껍데기 표지판이 잘 눈에 띄지 않기 때문이다. 여기저기 물어물어 부르고스 대성당 근처에 있는 알베르게를 찾아갈 수 있었다.

대도시에 있는 알베르게라 그런지 많은 사람을 수용할 수 있을 만큼 규모가 상당하다. 그런데도 벌써 2층은 다 찼고 3층으로 배정을 받았다. 3층으로 가보니 벌써 한 커플이 자리를 잡고 있고, 나는 이층침대를 쓰게 되었다. 대충 짐을 풀어놓고 사물함에 배낭을 집어넣다가 손잡이에 손가락이 걸려 피가 난다. 얼른 밴드를 찾아서 묶었지만, '오늘 일진이 별로'라는 생각이 든다.

부르고스는 카스티야 이 레온Castilla y Leon 왕국의 수도답게 몇 백 년의 역사를 간직한 아름다운 성당들과 웅장한 건물들이 많이 있다. 특히 부르고스 대성당은 스페인에서 세 번째로 큰 규모의 성당으로 이 도시의 대표적인 건축물이다. 1221년 페르란도 3세 Fernando III 의 명으로 짓기 시작해 16세기에 이르러서야 완성됐다. 또 성당 안에는 유네스코 문화유산으로 등재되어 있는 수많은 예

술품과 공예품이 있어 웬만한 박물관보다도 볼거리가 풍부하다고
한다.

　대성당으로 가보니 역시 그 명성답게 성당 앞 광장이 순례자들
과 관광객들로 붐빈다. 부르고스 대성당에는 박물관이 있는데 무료
로 입장을 시켜주는 시간도 있었다. 그 시간까지 여유가 있어서 먼
저 부르고스대학을 가보기로 했다. 지도를 보니 대략 30분 정도 거
리인 것 같다. 그런데 도심을 거의 벗어날 즈음부터 부르고스대학으
로 가는 이정표가 보이질 않는다. 한 도시의 대학이라면 주요 이정
표일 것 같은데, 도심 쪽 방향 표지판만 보인다. 지도에 의지해서 겨
우 부르고스대학을 찾을 수 있었다. 역시 대학 캠퍼스라 젊은이들도
많고 활기가 가득 넘친다. 방문자센터에서 여행자 여권에 도장을 받
고 다시 대성당으로 돌아왔다.

　대성당 부근에서 생각지도 못한 반가운 사람을 만났다. 첫날
만났던 독일 아줌마다. 우리는 이산가족이라도 만난 것처럼 길거리
에서 서로 소리를 지르면서 반갑게 인사를 했다. 같이 온 일행을 소
개해 주는데, 독일 사람이고 독일에서 출발하여 40일째 산티아고를
향해 가고 있는 사람이라고 한다. 나는 엄지손가락을 치켜들면서 대
단하다고 추켜세웠다. 마침 숙소도 같은 곳이다. 저녁때 다시 만나
기로 하고 성당으로 걸음을 옮겼다.

　성당 앞에 사람들이 줄을 길게 서 있다. 박물관 입장권을 받는
줄이라고 해서 나도 얼른 사람들 뒤에 섰다. 무료입장권을 받아들고

박물관에 들어가니 21개의 제단과 미켈란젤로의 작품 등 대단한 작품들을 소장하고 있다. 뛰어난 건축양식, 성화, 제단 장식, 스테인드글라스 등 고딕 예술의 역사가 집약되어 있다는 말이 헛소리가 아니었다. 구경을 하고 밖으로 나와 보니 여전히 사람들로 북적거린다. 한국인 젊은이들도 여럿 보인다. 어제 도착한 친구들도 있고 이제막 도착한 친구들도 있었다. 순례길에서 여러 차례 마주치다보니 친해졌다고 한다.

7시 저녁 미사를 드린 후에 다시 만나기로 하고 나는 혼자 성당에 들어갔다. 역시 순례자들을 위한 미사다. 특이하게도 여러 나라 언어로 순례자에 대한 기도를 한다. 영어로 된 기도문을 들고 제대 앞으로 나갔다. 각자 순례자를 위한 기도를 올리고 나면 신부님이 강복을 주신다.

미사 중에 아까 박물관에서 열심히 사진을 찍고 있던 한국 여자가 눈에 띄었다. 미사 후 다가가 아는 척을 했다. 저녁을 어떻게 할 생각이냐고 물었더니 순례자 메뉴를 먹을 것이라고 해서 같이 먹자고 청했다. 식당으로 가는 도중에 반가운 얼굴과 또 마주쳤다. 캐나다인 에어로빅 강사와 폴란드에서 온 영어 못하는 남자였다. 에어로빅 강사가 다리가 너무 아파서 버스로 왔다고 한다. 그리고 오늘은 알베르게가 아닌 호텔에 묵을 생각이란다. 나는 반갑게 인사를 건넸는데, 왠지 두 사람은 잘못한 일을 하다가 들킨 사람처럼 멋쩍게 웃는다. 괜스레 미안해져 서둘러 자리를 떴다.

모처럼 잘 차려져 나온 요리를 먹을 수 있었다. 이 여자 분은 웹디자인 일을 하는데 휴가를 얻어 혼자서 왔다고 한다. 가톨릭 신자는 아니지만 미사에 직접 참여해보고 싶었다며, 본인은 체력적으로 힘들어서 쉬엄쉬엄 여기저기 많은 것을 둘러보면서 천천히 나아가는 중이라고 얘기한다. 팜플로나에서는 스페인 교포분과 아주 좋은 식당에서 식사했다면서 현지인한테 물어보면 좋은 식당을 알려주더라도 덧붙인다. 그녀는 내일 아침에 부르고스를 더 둘러보고 출발할 계획이라고 해서 기회가 되면 다시 만나자고 인사를 하고 헤어졌다.

혼자서 숙소로 돌아오면서 1시간 넘게 얘기를 나눴는데 이름도 물어보지 않았다는 것을 깨달았다. 둘이서 줄곧 까미노 이야기만 했던 것이다. 이곳에서는 공통의 화제가 있기에 어느새 그 외의 것들은 잊혀지곤 한다. 머리와 마음을 비우고 가벼워지는 곳이 이곳 까미노다. 그저 어디에서 왔고, 왜 왔는지, 무엇을 보면서 나아가고 있는지에 대해서만 이야기를 나눠도 지루하지 않다. 그런 한편으로 서로에게 부담이 되지 않으려고 노력하기 때문에 편하게 만났다 헤어지기를 반복할 수 있다는 것도 이곳의 특징이라면 특징일 것이다.

멋진 부르고스 대성당의 야경을 바라보며 오늘 하루 기특했던 내 두 발을 쓰다듬어보았다. 그리고 새로운 내일에도 의기투합해서 잘 해보자고 격려했다.

까미노의 마약
콜라

· · · · ·

평소에도 탄산음료는 거의 마시지 않고, 이곳에서도 한 번도 마신 적이
없었던 콜라인데 갑자기 너무나 먹고 싶어졌다. 그랬던 콜라가 어찌나
맛있던지. 콜라 한 캔으로 갈증이 싹 가시고 희한하게도 기운까지 불끈
솟는 느낌이 들었다. '이게 까미노에서 깨닫게 되는 콜라의
힘이구나!' 라는 생각이 들었다.

산티아고 순례길에서 가장 힘들다는 메세타 지역에 접어들었
다. 메세타는 약 610~760m 의 평균고도를 유지하는 고원으로 순례
자들 사이에서는 사막이라는 이름으로 불리는 지역이다. 부르고스
와 레온 사이의 230㎞ 정도의 구간인데 일주일 이상을 걸어야 통과
할 수 있다. 안내서에도 이 구간은 매점도 화장실도 나무 그늘조차
도 없는, 진정으로 순례자에게 고행을 겪게 하는 코스라고 설명되어
있다. 그래서 뜨거운 여름에는 버스나 택시로 이 구간을 건너뛰는

사람이 있을 정도로 많은 이들에게 악몽을 안겨주는 구간으로 유명하다. 반면에 자기 내면과 가장 많은 대화를 나눌 수 있다면서 까미노 구간 중 으뜸으로 꼽는 사람도 있다.

새벽에 일어나서 어제 갔었던 와이파이가 되는 식당 앞에 가니 인적이 없다. 가족들과 연락을 주고받고 있는데 순례자들이 몇 명 지나간다. 다른 알베르게에서 묵었던 순례자들인 것 같다. 그때 갑자기 한국에서 친구가 카톡으로 안부를 물어온다. 산티아고를 향해 열심히 걷고 있다고 하니 건강 잘 챙기라면서 무사히 마치라고 격려를 해준다. 서울에서 건강한 모습으로 보자고 인사를 하고 나도 출발할 채비를 했다.

어제 들렀던 부르고스대학을 지나 도시를 벗어나고 있다. 오늘도 여지없이 여명이 밝아온다. 전인권의 '사랑한 후에'라는 노래가 떠오른다. "어느새 밝아온 새벽하늘이 / 다른 하루를 재촉하는데 / 종소리는 맑게 퍼지고 / 저 불빛은 누굴 위한 걸까 / 새벽이 내 앞에 다시 설레는데~~~" 가끔 노래방에 가면 목에 핏대를 세워가며 불렀던 노래인데, 오늘은 그냥 흥얼거리기만 하는데도 감정이 잘 잡힌다. 목청껏 부르고 싶은 맘도 있었지만, 내 노래 실력을 감안해서 꾹 참았다.

도시를 벗어나서 점점 차도와도 멀어지더니 그냥 끝없이 펼쳐진 벌판만이 보인다. 그동안은 드넓은 밀밭이나 포도밭을 걷더라도 드문드문 구릉들이 보였는데 여기는 그저 벌판과 지평선뿐이다. 아, 이

것이 메세타구나, 저절로 알 수 있다. 순례자들은 묵묵히 그 사이로 난 길을 따라갈 뿐이다. 이런 길을 지팡이와 묵주를 들고 기도하며 중얼거리면서 혼자 걷자니 진짜 고행하는 수도자가 된 기분이다.

10월 초순인데도 날씨가 꽤 덥고 건조하다. 조그만 마을들을 몇 개 지나고 오후가 되니 지나가는 순례자들이 슬슬 늘어간다. 그런데 이런 황량한 벌판에서 깜짝 놀랄 만한 것을 발견했다. 황당하게도 텐트가 보인다. 그리고 잠시 후 그 안에서 어떤 커플이 나온다. '이런 데서 야영을 했단 말이야?' 대단하다는 생각이 들면서도 내 상식으로는 이해하기가 힘들다. 여러 날 동안 오랜 시간을 걸어야 하는 까미노에서는 배낭의 무게를 최대한 줄여야 한다고만 생각했던 나로서는 상상조차 해본 적이 없는 일이라 신기하기만 하다.

문득 배낭의 무게를 줄이려고만 했던 것은 어쩌면 조금이라도 편하게 이 길을 가고자 했던 마음이 앞섰기 때문이 아니었을까 라는 생각이 들었다. 그 옛날 야고보 사도는 지금과는 비할 수 없을 정도로 힘들게 이 길을 걸어갔을 텐데 하는 생각이 들자 조금은 부끄러운 생각이 들었다. 스스로 의식하지도 못한 채 편한 것을 추구하고 있었던 건 아닌지 반성하게 됐다.

한참을 걷고 있는데 저 앞에서 사람들이 웅성거리고 있다. 가까이 다가가보니 서양 남자 둘이서 동양인 여자의 발목과 발등에 테이핑을 하고 있다. 혹시나 한국인인가 하고 물었더니 일본인이다. 혼자서 가고 있었는데 다리가 너무 아파 힘들어하는 걸 보고 이 서양 친구들이 보살펴 주고 있는 것이라고 했다. 이곳에 오기 전 많은 곳에서 읽었던 까미노의 이야기의 한 대목과 드디어 마주친 것이다. 전혀 알지 못하는 사람을 위하여 가던 길을 멈추고 낯선 이방인에게 기꺼이 자기의 것을 나눠 주고 돌봐 주는 것이다. 처치를 마치자 이 친구들은 별일 없을 것이라며 샤워할 때도 괜찮으니 3일 정도는 테이핑을 계속 하고 있으라고 조언해 준다. 테이핑을 해준 사람은 미국에서 온 의사였다.

그 모습을 보고 나니 그냥 지나쳐 가기가 좀 미안했다. 일본 여자가 괜찮다고 사양하기는 했지만 절뚝거리는 사람을 두고 도저히 먼저 갈 수가 없어 다음 마을까지 동행하기로 했다. 대충 기억나는 짧은 일본어 몇 마디로 더듬더듬 대화를 나눴다. 사실 다른 말은 필요 없었고 "다이조부데쓰까괜찮으세요?" 이 한 문장으로 충분했다.

정오가 되니 날이 한층 더 더워진다. 드디어 언덕 아래 마을이 보인다. 내리막길로 들어서니 일본 여성의 걸음이 더 느려진다. 이 마을에서 묵겠냐고 물으니 그렇다고 한다. 20분 정도면 마을에 도착할 테니, 나는 온타나스Hontanas까지 가야 해서 이만 먼저 가야겠다고 인사를 했다.

마을에 들어서자 조그만 슈퍼 앞에 간판이 눈에 띈다. "산티아고 499㎞" 이게 슈퍼 이름인가 보다. 단순한 표지이련만, 순례자들을 격려하는 한편 오기가 들게 만드는 묘한 구석이 있다. 어째 이곳에서 뭔가 꼭 사야 할 것만 같은 생각이 강하게 든다. 점심거리를 사러 들어갔는데 자꾸 콜라로 눈이 간다. 평소에도 탄산음료는 거의 마시지 않고, 이곳에서도 한 번도 마신 적이 없었던 콜라인데 갑자기 너무나 먹고 싶어졌다. 그랬던 콜라가 어찌나 맛있던지. 콜라 한 캔으로 갈증이 싹 가시고 희한하게도 기운까지 불끈 솟는 느낌이 들었다. '이게 까미노에서 깨닫게 되는 콜라의 힘이구나!' 라는 생각이 들었다. 실제로 사람들이 까미노를 걷다보면 몸이 콜라를 당겨한다는 얘기들을 한다.

슈퍼에서 조금 떨어진 곳에 위치한 알베르게 옆에 조그만 쉼터가 보인다. 아까 일본 여자를 치료해준 친구들이 거기서 웃통을 벗고 음료수를 마시고 있다. 나한테 그 여자 상태가 어떤지 묻는다. 곧 도착할 거라고 하니 다행스럽다는 표정을 짓는다. 물통에 물을 채우고 출발하려는 찰나 때마침 그 일본 여자가 도착했다. 이들은 모두 여기서 묵을 모양이다.

또 다시 황량한 벌판에 끝도 없는 길이 내 앞에 놓여 있다. 오늘따라 유난히 덥다. 미리 들었던 대로 정말 나무 하나 없고 햇볕을 피할 곳도 전혀 없다. 땡볕 아래 나무가 쓰러져 있는 곳에 앉아 샌드위치로 대충 요기를 하고 다시 속도를 내서 걷기 시작했다. 하지만 뜨거운 태양 아래 비슷한 풍경의 길을 하염없이 걷고 있자니 평소보다 빨리 지쳐가는 것 같다. 머릿속은 온통 '온타나스는 언제 나타나려나' 하는 생각뿐이다. 그래도 무작정 걷는 것 밖에 할 수 있는 게 없다.

온타나스가 저 너머에 모습을 드러내자 미친 듯이 반가운 마음이 들었다. 그런데 아무리 걸어도 가까워지는 것 같지가 않다. 순례자들 모두 이런 마음으로 마을을 향해 걸어간다. 까미노에서는 마을이 눈앞에 보이기 시작한 뒤로도 항상 2~3km는 족히 걸어야 도착하기 때문에 오히려 마을을 보면서 걷는 동안이 더 고통스러울 때가 많다. 미친 듯이 반가웠던 마음이 축 늘어질 때까지 걷고 또 걸은 후에야 마침내 온타나스에 들어설 수 있었다. 힘들어서 빨리 숙소를 찾아야겠다는 일념 밖에 없다.

그때 편의점 근처에서 어제 부르고스에서 만났던 한국인 젊은이들과 마주쳤다. 여기서 10km 떨어진 알베르게에서 묵을 생각이라며 같이 갈 생각이 있는지 묻는다. '뭐, 10km?' 그런데 이 나이에 난데없이 오기가 생긴다. 뜬금없이 콜라 하나 마시고 생각해 보자고 했다. 콜라를 사서 아까 먹다 남은 샌드위치와 같이 먹었다. 신기하게도 또 힘이 솟는 것 같다.

흔쾌히 같이 가자고 말을 해놓고 다시 걷기 시작하자 속으로 괜한 호기를 부렸다는 후회가 들었다. 이미 30km 가까이 걸어왔는데, 10km를 더 가면 오늘도 40km를 걷게 되는데 무리가 될 것 같다. 게다가 이 젊은이들은 잘도 걷는다. 남자 아이는 휴학하고 온 대학생인데 이름이 이삭이라고 했다. 지나라는 여학생은 부산에서 왔고 논문만 남겨둔 대학원생이었다. 이 둘도 여기 와서 알게 되어 동행하게 됐다고 한다. 어느새 시간이 4시를 넘어가고 있다. 이 친구들도 조금씩 지쳐가는 게 느껴진다.

　힘겹게 카스트로헤리스Castrojeriz에 도착했다. 카스트로헤리스
는 로마와 서고트 왕국의 유적이 있는 요새 마을로 파울로 코엘류가
머물면서 집필활동을 했던 곳으로 유명해졌다. 이곳에는 알베르게
도 여러 개 있고, 큰 슈퍼도 있다고 들었다. 처음에 찾아간 곳은 리
조트 같은 분위기인데 알베르게를 같이 운영하는 것 같다. 그래선지
다들 마음이 안 내켰다. 다음에 찾아간 곳은 우리가 늦게 도착한 탓
에 자리가 없다. 여기에서 소개를 받아 또 다른 알베르게로 가봤더
니 이곳은 침대만 제공한다고 한다. (친절하게도 주인이, 언덕 위에 마을이
있는데 그 중간에 성이 있고 성 안에 수도원이 있다고 얘기를 해준다. 하지만 도저히
거기까지 갈 엄두가 나지 않는다.) 시설이 별로 좋지 않지만 이미 지칠 대
로 지쳐서 선택의 여지가 없다.

숙소 비용은 기부제이고, 아침은 간단하게 제공한다고 설명해 준다. 그리고 조리는 할 수 없지만 주방을 사용할 수는 있다고 해서 슈퍼에서 장을 봐서 저녁식사를 해결하기로 했다. 시설 탓인지 숙박객은 우리 셋뿐이다. 알베르게 주인이 내가 이 젊은이들의 아버지냐고 묻는다. 여기서 처음 만난 일행이라고 하니 고개를 끄덕인다. 와인이랑 맥주를 반주 삼아 저녁을 먹었다. 오랜만에 한국말로 대화를 나누면서 밥을 먹으니 참 편하다는 생각이 들었다.

다음날엔 셋 다 피곤했는지 다들 늦잠을 잤다. 눈을 떠보니 벌써 8시가 다 됐다. 이미 아침이 차려져 있다. 대충 세수를 하고 비스킷에 잼을 발라 커피와 먹었다. 어제 술을 마신데다 피로가 쌓인 탓인지 식욕이 나질 않는다. 배웅을 나온 주인 덕분에 출발하기 전에 셋이서 기념사진도 한 장 찍었다.

이삭이가 자기도 가톨릭 신자인데 요즘은 성당에 통 가질 못 했다고 한

다. 반가운 마음에 이제부터 나랑 같이 매일 미사에 가자고 권했다. 이삭이는 까미노에 오고 싶어서 1년 정도 열심히 아르바이트를 했단다. 같이 오려고 했던 친구들이 있었는데 사정이 여의치 않아 혼자만 오게 됐다고 한다. 그나마 형편이 나아서 자기는 올 수 있었다며 다행이라고 얘기하는 모습을 보니 철이 든 것 같아 기특하게 여겨졌다. 지나는 나이보다 꽤 어려 보인다. 전공이 도서관학인데 부산에는 자리가 없어서 서울로 올라가야 할 것 같다고 한다.

사막과 같은 길을 열심히 가다보니 메세타 지역에서는 보기 드문 전원 풍경의 마을이 나온다. 보아디야 델 까미노Boadilla del Camino 였다. 물이 흐르는 수로 옆으로 길게 뻗은 오솔길을 따라 걸어가니

야영장 같은 분위기의 알베르게가 나온다. 볕도 뜨겁고 조금 지치기도 해서 잠깐 쉬기로 했다. 줄곧 모자를 쓰고 다녔는데도 얼굴이 많이 탄 것 같다. 햇볕차단제라도 사용할 걸 그랬나 생각하며 옆에 있는 지나를 보니 이미 새카맣게 타서 영락없는 시골 처자의 모습이

다. 그 모습이 건강하고 참 예뻐 보였다. 몸도 건강해지고 마음도 비워가면서 묵묵히 자기 마음을 다스리며 걷는 이런 것이 전형적인 순례자의 모습이 아닐까 생각하게 된다.

또 다시 아무것도 없는 황량한 들판을 따라 한참을 걸어 프로미스타Fromista라는 마을에 도착했다. 마을 중간에 알베르게가 있고 공원 같은 쉼터도 있는 작지 않은 규모의 마을이다. 일단 숙소에 들어가서 침대를 배정받았다. 다시 밖으로 나오니 한국인 중년 부부가 보인다. 남편이 대기업에서 은퇴를 한 뒤 온 가족이 함께 까미노를 걷고 있다고 한다. 이곳에는 꽤 많은 한국 사람들이 있었는데, 우리 셋을 제외하고는 이미 서로 잘 알고 있었다.

7시 미사에 참석했다가 식당에 와보니 로그로뇨에서 만났다가 헤어진 대학생 친구가 있어 반갑게 합석을 했다. 나와 헤어진 뒤 속도를 내서 열심히 걸었는데 이틀 뒤 다리를 다쳐서 고생을 좀 했다면서 그러던 중 형님뻘 되는 친구와 동행하게 됐다고 한다. 숙소로 돌아오는 길에 편의점에 들렀는데 와인을 70%나 세일을 하고 있다. 운 좋게 썩 괜찮은 와인을 1.5유로에 2병이나 살 수 있었다. 숙소에 들어와 사람들을 불러 모아 와인 파티를 열었다. 주방이 없어서 마당에 나와 먹었는데, 이런 분위기도 색다르고 좋았다. 술을 즐기는 나에게 밤에 마시는 술 한 잔은 역시 쌓인 피로를 풀어주는 약인 것 같다. 내일을 향해 우리 모두에게 건배!

오늘 하루도 무사히 저물고 있다.

아,
메세타 메세타

동행하는 친구들도 모두 씩씩하게 잘 걷는다.
오전에는 서로 모르는 사람처럼 별 말 없이 걷기만 했다.
사실 메세타를 걷고 있으면 다들 말이 없어지게 마련이다.
드넓은 평원에서 드문드문 걸어가는 사람들 모습은
광활하기만 한 평원에 극도로 대비되어
개미처럼 조그맣게 느껴진다.

　

어느새 까미노를 시작한지도 오늘로 13일째가 됐다. 거울 볼 필요도 없고 옷에 신경 안 써도 되는 수도자 같은 생활에도 익숙해 졌다. 가끔 혼자서 인증샷을 찍어 보는데 수염은 깎지 않아 덥수룩 하고 얼굴은 새까매졌다. 서울에서 올 때 하얗던 피부가 햇볕에 그을려 코팅이 된 느낌이다. 자외선 차단제를 발라봤자 금세 땀에 씻겨버려서 그냥 맨 얼굴로 다녔는데 그럭저럭 견딜 만하다. 다들 이렇게 다니기 때문에 창피할 것도 없다. 몸만 가렸지 자연인 그대로

인 지금 생활이 난 참 마음에 든다.

　　오늘은 카리온 데 로스 콘데스Carrion de los Condes까지 갈 계획이다. 카리온은 까미노 전체일정에서 중간지점에 해당한다. 딸들에게 엽서라도 한 장 보내서 아빠가 어떤 길을 가고 있는지 보여주고 싶었다. 그에 대한 설렘 덕분인지 오늘은 유난히 걸음이 가볍게 느껴진다.

　　동행하는 친구들도 모두 씩씩하게 잘 걷는다. 오전에는 서로 모르는 사람처럼 별 말 없이 걷기만 했다. 사실 메세타를 걷고 있으면 다들 말이 없어지게 마련이다. 드넓은 평원에서 드문드문 걸어가는 사람들 모습은 광활하기만 한 평원에 극도로 대비되어 개미처럼 조그맣게 느껴진다. 나는 해가 뜨기 전까지 묵주기도를 하면서 걸었다. 그래도 오전에는 선선한 편이라 나처럼 땀이 많이 나는 사람도 걷기가 좋다.

해가 뜨니 또 망망한 지평선이 펼쳐진다. 앞으로 나아가고 있는 건가 싶을 정도로 비슷한 풍경 속을 하염없이 걸어간다. 그렇지만 나는 메세타가 꽤 맘에 든다. '까미노', '산티아고 가는 길' 하면 뭔가 조금은 고생스러워야 하는데 지금까지는 그냥 배낭 메고 스페인을 유람하는 기분이었다. 순례길 옆에는 대개 잘 닦여진 도로가 보였고, 순례길에서 빠져나가면 도시나 마을로 들어갈 수 있었기 때문에 순례보다는 여행 같다는 생각을 하던 터였다.

슬슬 오전 시간이 지나가고 목적지인 카리온에 도착했다. 점심으로 콜라와 피자를 먹기로 했다. 어제 사둔 과일과 남은 빵을 꺼내 놓으니 푸짐하다. 다 같이 카리온에서 묵기로 하고 일찌감치 알베르게를 찾아갔다. 일찍 도착한 탓에 사람들이 많지 않다. 수녀원에서 운영하는 알베르게라서 수녀님이 반갑게 맞이해 준다. 둘러보니 주방도 있다. 오늘은 제대로 된 밥을 먹을 수 있겠다는 생각에 괜스레 신이 난다. 배정받은 침대에 짐을 정리하고 밀린 빨래를 시작했다. 그래봐야 양말 두 켤레와 웃옷, 바지 두 벌이 고작이다. 볕이 유난히 좋아 마음까지 환해진다.

빨래를 마치고 시내로 나가보니 큰 도시라 식당도 많고 구경거리도 많다. 성당 위치와 미사시간도 살펴보았다. 문득 이렇게 여유 있게 다녔던 적이 별로 없었다는 생각이 들었다. 아이들에게 보낼 엽서를 고르려고 기념품점도 두 곳이나 들렀다. 까미노 지도와 주변 풍경이 근사하게 나온 것으로 골랐다.

엽서는 우체국에서 썼다. 평소에도 다정다감한 아빠가 아니었기에 엽서 쓰는 것이 꽤 어색하다. 집사람이 옆에 있었으면 분명히 더 다정하게 쓰라면서 핀잔을 줬을 것 같다. 그래도 나로서는 최대한 오글거림을 참아가며 분발해서 쓴 것이니 내 노력이 아이들에게 전해지면 좋겠다. 우편료가 저렴해서 깜짝 놀랐다. 엽서 값을 포함해 두 통에 2~3유로 밖에 하지 않는다.

슬슬 장을 보러 갔다. 쌀과 야채를 고르고, 가격이 저렴해서 돼지고기도 좀 샀다. 일본간장도 하나 챙겼다. 이곳 간장은 단맛이 너무 강해서 음식 맛이 잘 안 난다. 오늘 메인은 비빔밥이다. 이곳 사람들이 가장 흔하게 쓰는 올리브유를 두르고 일본간장으로 간을 해서 호박과 가지를 볶았다. 병조림에 든 당근채와 몇 가지 야채를 넣으니 제법 구색을 갖춘 비빔밥이 완성되었다. 여기에 지나가 만든 참치와 토마토, 양파를 섞은 샐러드까지 곁들이니 푸짐하다. 마지막 화룡점정은 역시 볶음고추장이었다.

모처럼 느긋하게 저녁을 먹으면서 내일 일정을 의논했다. 조금 먼 거리이긴 하지만 사아군

Sahagun까지 가보자고 의견을 모았다. 내일 40㎞ 가량 되는 여정을 위해 오늘은 일찍 잠자리에 들기로 했다.

충분히 자고 나니 몸이 가뿐하다. 짐을 챙겨 내려와 어제 남은 밥에 물을 넣어 끓이고 계란도 삶았다. 아침도 평소보다 든든하게 먹었다. 오늘도 여전히 황량한 들판만 계속된다. 앞으로 나아갈수록 나에게는 여기가 까미노의 절정이라는 생각이 강해진다. 힘이 들기는 해도 산티아고 가는 길에 이 구간이 없었다면, 그저 여느 나라의 배낭여행과 큰 차이가 없었을 것이다. 나는 점점 메세타의 매력에 빠져들고 있다.

까미노에서는 기꺼이 불편한 것을 받아들이고 최소한의 것들로 알뜰하게 살아가면서 참고 견디는 것에 익숙해지게 된다. 더불어 아무런 목적 없이 여러 사람들과 인연을 맺고 도움을 주고받으면서 자신의 마음과 삶을 응시하게 된다. 그래서 이 길을 걷고 있는 젊은 이들을 보면 대견한 생각이 든다. 그런 한편으로 어린 나이에 이런 경험을 할 수 있다는 것에 조금 부러운 마음이 들기도 한다.

그리고 이곳에 와서 많은 유럽인들이 순례길에 오는 것을 일상적인 힐링이라고 생각하는 것을 알게 되었다. 그들은 이런 힐링의 순간을 비교적 부담 없이 현실과 병행해 가면서 살아가고 있었던 것이다. 휴가를 보내는 방법에도 여러 가지가 있겠지만, 순례길을 일생에 한 번이 아니라 틈이 났을 때 잠깐씩 여러 차례 즐기는 방법도 멋지다는 생각이 들었다.

반면에 다른 대륙에서 오는 사람들은 이 여정을 위해 오랫동안 심정적 금전적으로 준비를 해야 한다. 실제로 결행을 하기 위해서도 많은 고민을 하지 않을 수 없다. 그리고 그런 과정을 겪고 여기까지 왔음에도 끊임없이 자문하게 된다. 무엇을 위해 여기에 왔는가? 하지만 신기하게도 명확한 답을 구하지 못한 순간에도 감사한 마음을 느끼고 있는 자신을 발견하게 된다. 이러한 경험을 하게 해주신 주님과 나의 결정을 지지해준 가족, 나에게 기회를 준 직장에게. 그렇기에 메세타 지역이야말로 순례길로 참 잘 어울린다는 생각을 하게 된다.

점심은 어제 준비해둔 바게트, 과일, 음료수로 해결했다. 지나

가 무슨 봉투를 들고 다녀서 물어봤더니 음식이다. 귀찮게 들고 다니지 말고, 배낭에 매달면 편리하다고 하였더니 자기는 이게 더 편하다고 한다. 오늘은 오후에도 부지런히 걸어야 한다. 하염없는 계속되는 지루한 풍경에 지쳐갈 즈음에 작은 마을이 나타났다. 알베르게가 있기는 한데 이삭이가 사아군까지 가자고 한다. 5㎞ 정도만 더 가면 되니 넉넉잡고 1시간만 더 가기로 했다. 그래. 가자, 사아군으로!

　　몸에서 또 콜라를 달라는 신호를 보낸다. 뽀빠이가 시금치를 먹는 것처럼 우리는 콜라를 한 병 나누어 마시고 발길을 재촉했다. 이번에도 콜라가 힘을 발휘해준다. 역시 지쳤을 땐 당분이 최고다. 저 앞에 언덕이 보인다. 지쳐있는 젊은이들에게 "야! 저기 다 왔다. 기운내!"라는 말을 해주고 싶어 그들을 앞질러 열심히 속도를 냈다.

　　힘겹게 사아군에 도착했다. 성당의 수도원에서 운영하는 깨끗한 알베르게가 있다. 규모는 작아도 주방이 있다. 이미 도착한 한국 친구들도 몇 명 보인다. 야채를 다듬고 있어서 물어보니 부침개를 만들고 있다. 저절로 침이 넘어간다. 옆에 있는 이탈리아 친구들도 열심히 밀가루 반죽을 하고 있다. 그네들은 스파게티를 만들 거라면서 콩조림 같은 소스도 끓이고 있다. 다들 식사준비에 여념이 없다.

서둘러 짐을 정리하고 장을 봐왔더니 아까 젊은 친구들이 한창 부침개를 부치고 있다. 그런데 뒤집는 것이 영 서투르다. 옆에서 보다 못해 후라이팬을 돌려 한 번에 휙 하고 뒤집어줬다. 부침개 앞에서 쩔쩔 매고 있던 녀석들이 탄성을 지른다. 훈수 덕분에 부침개까지 얻어먹었다.

음식을 만들다보니 벌써 7시다. 이삭이에게 미사에 가자고 하니 피곤하다면 내켜하지 않는다. 어쩔 수 없이 혼자서 서둘러 미사에 다녀왔더니 이삭이와 지나가 식사 준비를 다 해놓고 기다리고 있다. 기특한 마음에 와인을 한 병 따려는데 오프너가 보이질 않는다. 옆에 있던 브라질에서 온 친구가 난처해하고 있는 나에게 오프너를 쓱 내민다. 이 활달한 친구와의 인연은 한참 뒤에 다시 이어진다.

저녁을 먹는데 엊그제 프로미스타에서 만났던 가족의 아이가 보인다. 다른 알베르게에서 묵는데, 외국 친구들과 이야기하려고 놀러왔다고 한다. 의아한 생각이 들었다. 열심히 걸은 덕분에 나도 오늘 겨우 사아군까지 올 수 있었는데, 애가 몸이 좋지 않았다더니 참 빨리도 왔구나 싶다. 그리고 보니 걸어오는 도중에도 마주친 적이 없었다는 생각에 고개가 갸웃거려졌다. 나의 이 의구심은 바로 다음 날 깨끗이 풀리게 된다.

헤어짐
또
만남

이쯤 되면 산티아고까지 가는 방법이
참 다양하다는 것도 알게 된다.
똑같이 걸어서 가더라도 유람을 하듯
쉬엄쉬엄 까미노에서 살아가면서 가는 사람들이 있다.
또 중간 중간 버스나 택시를 이용하면서 가는 이들도 있다.

　　오늘도 어김없이 아침이 밝아온다. 어제 많이 걸어 피곤하지
않을까 했는데도 새벽 6시쯤 되니 눈이 떠진다. 일어나면 자동적으
로 짐을 챙기고 어제 남은 밥으로 아침을 챙겨 먹고서 길을 나선다.
참 신기하다. 매일 똑같은 생활을 하는데도 지루하지가 않다. 나랑
다를 바 없이 걷고 먹고 자는 사람들만 만나는데도 재미있고 즐겁기
만 하다. 그냥 스쳐 지나가는 사람들에게도 정감이 느껴진다.

　　까미노가 중반을 넘어서고 나니 주변에 걷는 게 불편해 보이는 사람들이 부쩍 눈에 띈다. 체력적으로 힘들어하는 사람들도 있지만, 발에 생긴 물집으로 고생하는 사람들도 꽤 많다. 또 베드버그로 병원에 다녀온 사람들도 있다. 베드버그에 물리면 엄청 고통스럽다고 한다. 어떤 사람은 정신이 안드로메다로 가버릴 것 같다고도 말한다. 모기처럼 서너 군데 물리는 게 아니라, 피부에 발진이 난 것처럼 여기저기 물리는 사람이 많다. 오죽하면 두 번째 산티아고 여행을 준비할 때 첫 번째 준비물이 베드버그 예방약이라고 하는 사람이 있을까. 그럼에도 끝까지 까미노를 완주하고, 또 다시 이곳에 오게 만드는 힘은 무엇일까?

　　그리고 이쯤 되면 산티아고까지 가는 방법이 참 다양하다는 것도 알게 된다. 똑같이 걸어서 가더라도 유람을 하듯 쉬엄쉬엄 까미노에서 살아가면서 가는 사람들이 있다. 또 중간 중간 버스나 택시를 이용하면서 가는 이들도 있다. 프로미스타에서 만났던 가족들이 이런 경우였다. 빨리 간다고 하더라도 나와 비슷한 속도로 움직였어야 할 것 같은데 먼저 도착해 있어서 물어보니 도중에 아이 몸이 안 좋아서 택시를 타고 왔다는 것이다.

그런데 저녁이 되면 몸이 안 좋다던 그 집 딸아이는 이 알베르게 저 알베르게를 돌아다니면서 외국친구들과 어울리기 바쁘다. 그 모습을 보면 걸어갈 때만 아픈가 싶어서 어이가 없다. 차라리 대도시를 여행하면서 외국인 친구들과 어울리면 될 것을 굳이 산티아고 순례길에 왜 왔나 이해가 되지 않는다. 더군다나 도보로 오는 사람들과 비슷한 거리만큼씩 차로 이동해서 순례자 숙소에서 묵는 것도 마음에 들지 않았다. 또 여기는 어떻고 저기는 어떻고 하면서 항상 비교하는 이야기를 하기 때문에 자꾸 신경이 쓰인다. 별로 마주치고 싶지 않은 가족이다.

숙소를 나와 한창 걸어가던 중에 어제 부침개를 나눠주었던 젊은 여자 분을 만났다. 숙소에서 나올 때는 보이지 않아 언제 출발했냐고 물었더니 6시쯤 나왔다고 한다. 길을 잘못 들어서 헤매다보니 이렇게 늦어졌다고 덧붙인다. 어제 그 친구들이랑 같이 이동하는 거 아니냐고 물으니 아침에는 늘 혼자 출발한단다. 아니, 이렇게 씩씩할 수가 있나! 오늘은 서둘러 가야 하는 일정도 아니기에 같이 가자고 권했다.

간호사라는 이 아가씨는 체력이 형편없어서 아침 일찍 출발해

서 10~20㎞ 정도씩만 가고 있다고 한다. 아직 미혼인데 이번에 직장을 옮기면서 고민을 하다가 오게 되었단다. 처음에는 좀 머뭇거리다가 대화가 계속 이어지니 간호사로서 힘든 점이나 직장, 결혼에 대한 생각 등 인생에 대해 이런저런 얘기들을 털어놓는다.

　나도 젊은 아가씨가 고민을 끌어안고 있는 것이 안타까워 인생을 조금 더 살아온 입장에서 내 생각을 얘기해 주었다. 앞으로 80세까지만 산다고 해도 서른 넘어서 결혼을 하는 것은 큰 문제가 안 될 것이고, 멋지게 살아가기 위해서 본인을 가꾸는 시간도 필요하며, 여러 사람을 만나보는 기회를 만드는 것도 좋다는 등의 이야기를 했다. 그리고 결론적으로 여기까지 혼자 올 정도로 용기가 있다면 새로운 사랑도 할 수 있으니 너무 초조해하거나 자신감을 잃지 말라고 격려해줬다. 간호사 아가씨가 용기를 북돋아줘서 고맙다고 해서 어제 얻어먹은 부침개 값을 한 거냐면서 둘이 한바탕 기분 좋게 웃었다.

　이 아가씨는 간호사라는 직업이 다른 직종보다는 취업난이 심하지 않다고 얘기한다. 요즘 노인들을 위한 요양병원이 많이 생겨나면서 간호사에 대한 수요가 덩달아 늘어난 덕분이라고 설명해 준다. 일이 고되기는 하지만 취업 걱정이 없고 나이 들어서도 꾸준히 할 수 있다면서 간호사라는 직업의 좋은 점도 알려준다. 가만히 얘기를 듣고 있으니 역시 사회생활을 좀 겪어봐야 현실도 깨우치고 이야기도 더 잘 통하는 것 같다.

　점심 무렵 엘 부르고 라네로El Burgo Ranero에 도착했다. 간호사

아가씨가 오늘은 이곳에서 묵겠다고 해서 같이 점심을 먹고 헤어지기로 하고 조그만 가게에 들어갔다. 샌드위치처럼 빵 속에 이것저것 많이 넣어 만든 빵을 골랐다. 아가씨가 앞 마을에서 샀는데 맛이 좋다며 치즈를 두 장 나눠준다. 빵과 같이 먹으니 맛이 꽤 좋다. 식사를 하면서 잠시 쉬었다가 작별인사를 나누고 나는 갈 길을 재촉했다. 오전에 얘기를 나누면서 천천히 걸었더니 아직 체력이 꽤 남아있다.

　　오늘 목적지는 만시야 데 라스 물라스 Mansilla de las Mulas이다. 앞으로도 24km쯤 더 가야 한다. 끝없이 이어져있는 밀밭과 목초지를 걷는 데도 기분이 좋다. 어느덧 메세타도 끝부분에 접어들었다. 마을에 들어가니 규모가 작은 알베르게가 몇 개 있다. 어느 곳으로 갈지 잠시 두리번거리고 있는데 식당 앞에서 어떤 한국인 가족과 마주쳤다. 그 사람들이 알려준 알베르게에 짐을 풀고 밖으로 나오니 이탈리아 처녀 헬레나가 일광욕을 즐기고 있다.

　　지나랑 이삭이와 같이 식사를 하러 다른 알베르게로 가봤다. 내부를 둘러보니 이 알베르게가 사람도 적고 우리가 묵기로 한 곳보다 깨끗하다. 그런데 조금 전 만났던 가족이 거기에 있다. 여기서 묵냐고 물었더니 그렇다고 한다. 아이들 표정이 굳어진다. 불쑥 이 가족들이 내일 레온에 가면 자기들이 거기서 식사를 대접하고 싶다고 해서 그러면 나는 와인을 사겠다고 하고 그곳을 나왔다,

우리끼리 식사를 하는데 갑자기 이삭이가 흥분을 한다. 그 가족들 너무 치사하게 군다면서, 자기 가족끼리 쓸 수 있는 방에 우리가 같이 묵게 될까봐 다른 곳으로 가라고 안내한 것 같다고 부루퉁한 얼굴이다. 듣고 보니 나도 그 사람들 행태가 별로 탐탁하지 않다. 기분이 많이 상했는지 아이들이 이런저런 이야기들을 꺼내놓는다. 역시 어디를 가나 사람이 많이 모이게 되면 별의별 사람들을 다 만나게 되는 것 같다. 그렇지만 어쩌겠는가? 그냥 와인이나 한잔하면서 툭 털어내고 일찍 들어가서 쉬기로 했다.

다음날은 빨리 이곳을 벗어나기로 했다. 아이들도 일찍 일어나서 짐을 챙긴다. 그런데 지나가 컨디션이 안 좋아 보인다. 좀 천천히 출발할지 물었는데 괜찮다며 부스스한 얼굴로 배낭을 멘다. 천천히 가다가 아침을 먹고 컨디션을 회복해 보자고 했다. 오늘 레온Leon에서 이별 파티를 할 생각이다. 아이들은 레온에서 2박을 묵을 계획이고 나는 하루만 묵고 갈 계획이라 파티를 하고 헤어지기로 했다. 어제 이삭이에게 레온은 큰 도시니까 스마트폰으로 한국 식당을 미리 알아보라고 부탁을 해뒀다.

오늘로서 메세타 지역도 끝이 난다. 오늘도 얼추 35km 정도를

가야 한다. 레온이라는 새로운 대도시에 대한 기대와 이별 파티에 대한 설렘을 안고 열심히 걷는다. 그저께 지나왔던 사아군에서 만났던 부부를 또 만났다. 굉장히 건강해 보여서 인상에 남았던 커플이다. 우리도 사아군에 늦게 도착했는데 우리보다도 더 늦게 도착해서는 다음날 사아군까지 갈 거라고 의욕을 보였던 기억이 난다. 배낭도 꽤 무거워 보이는데 씩씩하게 걸어간다. 어제 늦어서 그런지 여기서 만났다. 우리는 아침을 먹고 그 커플은 출발을 하고...... 여기서는 이런 일이 비일비재하다. 늦게 출발한거 같은데 조금가다 보면 내가 앞서 있고 한다. 아직도 갈 길이 멀다.

아침을 먹다가 갑자기 이삭이가 망했다는 표정을 짓는다. 어제 인터넷을 찾아봤을 때 분명히 레온에 한국 식당이 몇 개 있다고 해

서 기대를 했는데, 스페인이 아니고 칠레에 있는 레온이었다며 울상이다. 큰 도시에 한국 사람이 없겠냐고 다시 찾아보라고 했지만, 정말 한국 식당이 없다. 좀 이상하게 여겨졌는데, 나중에 알아보니 스페인에는 교민이 그다지 많지 않았다. 90년대에 가장 많았다가 점점 줄어들고 있는 추세라고 한다.

이삭이랑 지나가 이만저만 실망한 게 아니다. 그러면 한국 식당 대신에 타파스를 먹으면서 이별 파티를 하자고 제안했다. 아이들도 아직 맛보지 못했다고 하니 안성맞춤 메뉴다. 나도 팜플로냐에서 먹지 못 하고 온 게 계속 아쉬웠던 터였다. 드디어 레온에 도착했다. 도시가 아주 크다. 일단 레온대학에 먼저 들르기로 했다.

레온대학에서 깜짝 놀랄 것을 발견했다. 한국의 대학과 비교하면 대외협력 업무를 맡는 부서에 중국의 공자학당 문패가 걸려있다. 중국 정부가 중국의 언어와 문화를 보급하기 위해 공자학당 확장사업을 벌이고 있다는 것은 알고 있었지만, 스페인 대륙 깊숙이 위치한 이런 도시에까지 이미 손을 뻗었다는 사실에 꽤 충격을 받았다.

내가 알기로 공자학당은 2007년에 시작된 사업으로, 1호는 한국에 개설되어 있다. 그런데 벌써 유럽 나라에서 수도뿐 아니라 일반 도시에까지 침투했다니 놀라울 뿐이다. 서울에 돌아가면 중국의 국제화에 대해서 본격적으로 조사해 봐야겠다. 이것도 이번 나의 행정연수 기간에 해야 할 아이템 중 하나라는 생각이 들었다.

레온대학을 나와서 레온 대성당 쪽으로 가려는데 방향을 잡지가 쉽지 않다. 때마침 레온대학에서 나오는 사람이 있어 도움을 청했더니 운 좋게도 같은 방향으로 간다며 안내를 해주겠다고 한다. 같이 걸어가면서 현지인이 즐겨 가는 맛있는 식당을 소개해 달라고 부탁했다. 성당 근처에 있는 음식점을 한두 군데 소개하면서 특히 타파스가 맛있고 가격도 저렴하다고 알려준다.

대성당 부근까지 와서 일단 알베르게에 짐부터 풀기로 했다. 오는 길에 눈여겨 봐뒀던 알베르게로 향했다. 그런데 어떤 단체가 단체로 숙박을 하는 바람에 공립 알베르게는 이미 마감이 되어 있었다. 난감해서 다른 알베르게 위치를 물어보니 자원봉사자인지 어떤 젊은이가 따라오라고 손짓을 한다. 방금 우리가 갔다 왔던 레온대학 근처의 사립 알베르게로 우리를 안내한다.

이곳은 10유로로 좀 비싸긴 하지만, 한방에 이층침대가 2개만 놓여있다. 4명이서 한방을 쓰는 거다. 별 수 없이 나는 여기서 묵겠다고 했는데, 이삭이랑 지나는 숙박료가 비싸다며 망설인다. 한참 고민하더니 여기서 묵겠다고 마음을 정한다. 막 방을 배정받고 들어서는데, 이런! 맘에 안 들던 그 가족이랑 또 마주쳤다. 속으로 '거참! 인연이 길군' 하면서 눈인사만 하고 돌아섰다.

배낭을 내려놓자마자 아이들이 빨래를 하겠다고 난리다. 세탁실에 내려가 보니 막 세탁기를 돌리려고 준비하는 사람들이 있다. 얼마나 기다려야 할지 물어보려는데 대뜸 그쪽에서 같이 빨래를 하겠냐고 묻는다. 2유로만 내면 함께 세탁을 할 수 있는 거다. 이거야

말로 피곤한 순례자들이 서로 윈윈 하는 방법 아닌가? 앞으로 자주 이용해야겠다는 생각이 들었다.

빨래를 돌려놓고 아이들과 레온 대성당으로 가봤다. 성당이 참 웅장하다. 조명을 켜기 때문에 저녁에도 사람들이 이곳에 많이 오는 것 같다. 벌써부터 성당 광장에 사람들이 모여들고 있다. 저녁을 먹으러 아까 소개받은 식당을 찾아갔다. 이것저것 주문하고 주위를 둘러보니 저편에 외국인들과 어울려 있는 한국인 두 명이 보인다. 이

런! 그 재수 없는 가족의 딸아이였다. 몸도 안 좋다면서 외국 남자애들이랑 술을 마시고 있다. 도대체가 맘에 드는 구석이 하나도 없는 아이다.

주문한 타파스가 나왔는데 예상했던 것보다 사이즈가 훨씬 크다. 이별은 아쉽지만 즐겁게 식사를 했다. 그런데 계산서가 좀 이상하다. 금액이 너무 많이 나와 물었더니 주문지를 보여준다. 여러 가지 메뉴를 골랐기 때문에 작은 사이즈로 시켰는데 큰 것을 내온 모양이다. 식사 가격이 부담스러울 정도로 많이 나온 터라 나는 당황해서 주문한 것과 다른 사이즈가 나왔다고 얘기를 했다. 식당 직원도 말이 잘 안 통하는 손님들을 앞에 놓고 난감해한다. 직원들끼리 한참 의논을 하더니 자기들이 실수한 것 같다며 다시 계산을 해준다. 미안한 마음이 들어 다른 것을 하나 더 주문하겠다고 하니 와인을 조금 더 주겠다면서 주전자 같은 유리병에 와인을 담아서 준다. 레온에서의 이별 파티에서 약간의 해프닝이 있었지만, 재미난 추억거리가 하나 더 생겼다.

아! 메세타여, 안녕!

여기를 봐도
저기를 봐도
한국인

비가 오락가락하고 있어 발걸음을 서둘렀다.
그래야 오늘 중에 엘 간소^{El Ganso}까지 갈 수 있다.
비가 오는데도 계속 가기로 마음을 먹은 이유는,
나는 여행을 온 것이 아니라
순례자의 길을 가고 있기 때문이었다.

레온에 온 뒤로 부쩍 한국 사람들이 눈에 많이 띈다. 아무래도 젊은 사람들은 큰 도시가 새로운 친구들과 어울릴 기회나 구경거리가 많아 하루 이틀씩 머무르는 것 같다. 까미노를 시작한지도 3주 가까이 되었기 때문에 아는 얼굴이 꽤 많아졌다. 그리고 이들이 어디서 왔고, 왜 왔는지, 무슨 생각으로 이 길을 가고 있는지 등 대략적인 사연도 알게 되었다. 20~30대 젊은 사람들이 많아서 금세 형, 동생 하며 친해지는 것 같다.

하지만 한국인들끼리 너무 몰려다닌다는 인상을 많이 받는다. 고민 끝에 마음 단단히 먹고 온 것인데 이왕이면 외국 사람들과 대화하려고 노력하면서 다양한 문화와 사고방식을 경험하고 돌아가면 좋겠다는 안타까움이 든다. 젊기에 서투를 수 있고 서툴러도 흉이 되지 않는데, 당당하고 아름다운 젊음 앞에서 한국 젊은이들이 조금 소심하지 않나 생각된다.

알베르게를 나서려는데 떠날 채비를 하는 친구들이 많다. 한국 사람들 중에 새로운 친구들이 보여 인사를 주고받았다. 주로 언제

출발했는지, 몸은 괜찮은지 하는 내용이다. 내가 "오늘이 17일째"라고 하니 굉장히 빨리 왔다며 놀란다. 젊은이들 앞에서 괜스레 기분이 우쭐해진다.

도심 중심부에 있는 넓은 광장과 분수를 지날 때쯤 저편에 레온대성당과 레온시청이 보인다. 광장 옆 외곽으로 빠지는 다리로 접어드니 배낭을 메고 가는 사람들이 보인다. 걷다보니 자연스럽게 한국인 학생하고 나란히 걷게 되었다. 처음 보는 남학생이라 서로 통성명을 하고 얘기를 나누었다. 체격도 좋고 활발한 친구다. 그래서인지 여러 한국인들의 사정을 많이 알고 있다.

까미노를 시작한 이래로 오늘 한국인들을 가장 많이 만났다. 그런데도 이 친구는 마주치는 한국 사람들을 대부분 다 알고 있다. 더욱이 그 사람들에게 다른 사람들의 소식까지 전해준다. 그 와중에도 참 씩씩하게 잘 걷는다. 나한테도 보조를 맞추려고 무리해서 걷지 말라고 걱정을 해준다. 활기찬 사람이랑 같이 걸으니 나도 덩달아 유쾌해져 같이 걷고 싶었다.

가다보니 길가에서 어떤 스페인 사람이 자기가 재배한 과일과 직접 만든 비스킷을 순례자들에게 제공하고 있다. 옆에는 모금통이 놓여있다. 잠시 쉴 겸 못생긴 과일이지만 하나 집어먹으면서 놓여있는 방명록에 "여기 있는 모든 사람들 파이팅!" 이라는 문구도 남겼다. 모금을 해서 누구를 도와주려는 건지, 그냥 물건을 파는 건지는 모르겠지만 색다른 기분이 들었다. 그 사람 역시 지나가는 사람들을

구경하기고 하고 얘기도 나누면서 나름대로 소소한 재미를 느끼겠다는 생각이 든다.

점심은 식당에서 바게트 빵으로 만든 샌드위치를 사먹었다. 까미노에서 파는 바게트 샌드위치는 엄청난 위용을 자랑한다. 성인 남자 팔 길이만한 빵에 야채, 계란, 소시지 따위를 넣어서 판다. 양이 많아서 그동안 선뜻 먹어볼 생각을 하지 못했던 메뉴였는데, 동행하는 친구가 스페인어를 꽤 잘 구사하는 덕분에 내 입맛에 맞춰서 주문한 샌드위치를 먹을 수 있어서 아주 흡족했다.

이 젊은이와 함께 부지런히 걷다보니 어느새 25㎞를 왔다. 산마틴 델 카미노San Martin del Camino 라는 도시에 도착했는데, 여기서 다른 일행들과 만나기로 한 눈치다. 사립 알베르게를 찾아서 들어갔더니 한국인들이 하나둘씩 모여들기 시작한다. 그러다보니 크지 않은 숙소가 거의 한국인들로 채워졌다. 이렇게 다니면서 친해졌을 것이라고 짐작이 간다.

한국 사람들이 여럿 모이니 자연스럽게 맥주 마시는 분위기가 됐다. 그동안은 갈증이 심해지는 탓에 낮에는 맥주를 마시지 않았는데, 오늘은 처음 만난 사람들도 많고 일찍 여정을 마친 덕분에 같이 어울려서 맥주를 마셨다. 처음에 서너 명이 모여서 마시던 것이 금세 십여 명으로 늘어났다.

희한하게 이 알베르게는 주방을 사용할 때 시간당 이용료를 받는다. 오늘은 아주 푸짐한 식사가 될 것 같아 쌀과 스파게티 재료에 채소도 푸짐하게 사가지고 왔다. 음식 준비를 하려는데 나이가 많은 사람은 주방에 들어오지도 말고 쉬고 있으라면서 몇몇 젊은이가 자기들이 음식을 만들겠다고 나선다. 미덥지 않은 마음에 옆에서 훈수를 뒀다. 물 양을 잘 맞추지 못하는 것 같아서 여기 쌀은 물을 많이 먹는다고 코치를 했는데 쌀과 물 양을 조절하다가 밥이 생각보다 많이 지어졌다. 여기에 스파게티와 반찬까지 차려놓으니 십여 명이 다 먹을 수 있을까 걱정될 만큼 양이 많았다.

나는 호탕하게 갖고 있는 고추장을 여기서 다 털겠다고 공표하고 고추장 비빔밥을 만들기 시작했다. 몇 가지 야채에 콩나물 병조림을 섞어 비비니 먹음직스러운 비빔밥이 완성되었다. 든든하게 먹고 와인과 맥주를 마시면서 밤이 늦도록 이야기를 나누었다. 역시나 한국 젊은이들은 고민이 참 많다. 나는 그런 고민은 건설적인 방향이라고 생각한다고 얘기해줬다. 또 이번 여행도 충분히 즐기기를 바란다고 선배다운 한 마디를 덧붙이고 먼저 잠자리에 들었다. 침대에 누우니 기분이 묘해진다. 한국에 와 있는 느낌이다.

새벽이 되니 여기저기서 부스럭거리며 하나둘씩 일어난다. 밖을 보니 아직 어둠이 짙게 깔려있다. 날씨가 안 좋은 것 같다. 일어난 김에 화장실을 갔다. 아무도 없는 것까지는 좋았는데 일을 보고 나니 화장지가 없다. 난처하지만 별 수 없다. 자연비데(?)를 사용하고 샤워를 했다. 약간 쌀쌀한 날씨라서 따뜻한 물에 기분이 좋아진다. 샤워실을 나오는데 다른 사람이 들어가고 있어서 확실하게 경고해 줬다. "화장지 꼭 챙겨 가게."

날이 흐린 탓인지 다들 미적거리고 있다. 내가 먼저 나서기로

했다. 30분쯤 걸었을까, 비가 오기 시작한다. 서둘러서 우의를 챙겨 입었다. 어둠이 걷힐 무렵 갑자기 돌다리가 나타났다. 혼자 보기 아까울 정도로 멋진 풍경에 잠시 넋을 빼앗겼다. 새삼스레 자연이 주는 위안은 무엇과도 바꿀 수 없을 만큼 대단하다는 생각이 들었다. 불현듯 이곳에서 하루 머물고 싶어진다. 하지만 계획된 일정에 차질이 생길까봐 자꾸 망설여진다. 아쉽더라도 또 다른 멋진 곳이 나를 기다리고 있을 거라고 기대하며 마음을 접었다.

대신 돌다리 끝에 있는 바에서 간단하게 아침을 먹고 주위를 둘러보면서 경치를 즐기기로 했다. 바에 앉아 있으려니 어제 같은 숙소에서 만났던 사람들이 하나둘 들어오기 시작한다. 다들 친하기는 해도 우르르 몰려다니지는 않나 보다. 이동할 때는 다들 자기 페이스에 맞춰 흩어져서 걷는 것 같다. 나는 또 보자는 말을 건네고 먼저 일어섰다.

한참을 가던 중 어제 처음 만났던 여학생과 같이 걷게 되었다. 6개월 일정으로 나왔는데, 유럽 전역을 둘러보고 3개월간 이스라엘의 키브츠에서 봉사활동을 할 계획이라고 한다. 어린 학생이 참 대단하다. 산티아고 가는 길은 언니가 다녀온 후에 이야기를 해줘서 자기도 오게 됐다면서 기대 이상으로 행복하다고 환하게 웃는다.

부모님들께서 반대하시지 않았냐고 물었더니 오히려 좋은 경험이 될 거라고 격려해 주셨다고 한다. 이번에 돌아가면 아버지한테도 꼭 다녀오시라고 추천할 거라고 의욕을 보인다. 나를 보면서 아버지도 여기에 다녀오시면 좋겠다는 생각을 굳히게 됐다고 한다.

또 요즘 대학생들에게 까미노가 많이 알려지면서 준비하는 학생들이 꽤 많아졌다는 얘기도 들려준다. 방학을 이용하기도 하지만, 자기처럼 휴학하고 오는 학생들도 많다고 덧붙인다. 자기는 졸업에 대한 불안, 미래에 대한 걱정 때문에 오게 됐던 것 같은데, 여기에 왔다고 불안감이 사라지지는 않는다고 속내를 내비친다. 다만 한국에 돌아갔을 때 예전보다 자신감이 많아지면 좋겠다는 바람을 털어놓는다. 어린 친구에게 멋진 경험을 많이 하면서 시야가 넓어지면 미래에 대한 생각도 구체화 될 거라고 격려해 주었다.

꽤 높은 고지에 위치해 있는 아스트로가Astroga에 도착했다. 근사한 식당들도 있고, 사람도 많고, 큰 성당도 있는 제법 번화한 도시다. 이곳에서 당찬 여학생과 같이 점심을 먹었다. 식사를 하는데 갑자기 비가 내리기 시작한다. 비가 오는 걸 보니 여기서 묵을까 고민을 하게 된다. 하지만 원래 계획했던 목적지까지 가기로 마음을 굳혔다. 이 여학생은 그곳에 머무르겠다고 해서 서로 건강을 기원해주고 헤어졌다.

비가 오락가락하고 있어 발걸음을 서둘렀다. 그래야 오늘 중에 엘 간소El Ganso까지 갈수 있다. 비가 오는데도 계속 가기로 마음을 먹은 이유는, 나는 여행을 온 것이 아니라 순례자의 길을 가고 있기 때문이었다. 다시 혼자가 되니 조금 전까지 여학생과 나눴던 이야기를 반추하게 된다. 우리 아이들이 대학생이 돼서 혼자 이 길을 가겠다고 했을 때 나는 아버지로서 흔쾌히 허락할 수 있을까? 혹시 내가 같이 가자고 한다면 아이들이 기쁜 마음으로 같이 가려고 할까? 이런저런 상념이 꼬리를 물고 이어진다.

레온을 지나온 뒤로는 경치가 사뭇 달라졌다. 아스트로가에서 산타 카타리나 데 소모사Santa Catalina de Somoza까지 이어진 길은 완만한 오르막길이었다. 작은 도로 옆이지만 차량도 별로 없고 깐따브리아 산맥Cordillera Cantabrica이 이어져있는 한적한 풍경이다. 한국의 시골과 많이 비슷하다는 인상을 준다. 옛날 그대로의 전형적인 농가의 모습이 많이 남아 있다. 내일은 산을 하나 또 넘어야 한다. 엘 간소까지 가기는 힘들 것 같고, 너무 늦기 전에 적당한 곳에서 숙소를 찾아야 할 듯하다.

조그만 마을 산타 카타리나 데 소모사Santa Catalina de Somoza를 지나는데 양쪽으로 가게가 늘어서 있다. 나와 비슷한 나이의 사람이 한국인이냐고 말을 걸어온다. 지친 데다 아직도 목적지까지 4km 넘게 남아있던 터라 무척 반가운 마음이 들었다. 바를 갖춘 알베르게인데 같이 묵어가자고 청해온다. 들어가서 살펴보니 시설도 나쁘지 않고, 까미노에서 비슷한 연배의 사람들과 만났던 적이 없어서 이야기도 나눠보고 싶어졌다.

이들은 친구들끼리 열흘 정도 일정으로 왔다고 한다. 레온에서 처음 시작했다는데 여기까지 오면서 고생을 꽤 많이 했것 같다. 이야기를 들다보니 중년의 의리가 느껴진다. 한 친구가 직장을 그만두

게 돼서 함께 까미노에 왔다는 걸 보면 상당히 친한 친구 사이라는 것을 짐작할 수 있었다. 참 부러웠다. 나도 계획을 세울 때는 친구와 같이 오길 바랐지만 현실적으로 불가능했다. 사실 제안을 했던 친구가 있긴 했는데 힘들다고 해서 더 이상 권하지 못했다.

모처럼 비슷한 또래의 사람들과 이야기를 나누고 있으니 느긋한 마음이 든다. 활기 넘치는 젊은이들과 얘기할 때도 즐거웠지만, 이들에게는 왠지 모르게 동지 같은 기분을 느끼게 된다. 오늘 밤도 와인 한잔에 하루의 고단함이 녹아내린다. 어느새 18일째를 넘어서는 나는 까미노를 걷는 것에 단련이 됐다. 하지만 이 사람들은 첫날이라 그런지 무척 피곤해 보인다. 무리할 필요가 없다고 얘기해 주었다. 내가 시간당 4-5㎞씩 걸어왔더라도 저녁에 보면 훨씬 늦게 온 사람도 바로 옆 침대에서 자고 있으니 자기 컨디션에 맞춰 즐기면서 걷는 게 좋다고 경험을 들려줬다.

또 동쪽에서 서쪽으로 가는 것을 느껴볼 수 있도록 해 뜨기 전에 출발해서 해의 위치에 따라 길쭉했던 그림자가 조금씩 작아지는 것도 멋진 경험이니 놓치지 말라고 덧붙였다. 까미노 초보자에게 해 주고 싶은 이야기가 자꾸 입에서 튀어나오려고 한다. 하지만 이들도 직접 겪고 느끼게 될 소중한 순간인데 내가 스포일러가 될 수는 없다는 생각에 입을 다물었다. 이들도 내일이 기대가 된다며 씩 웃는다. 새로운 까미노의 첫 밤을 맞이하는 그들에게서 나의 첫날밤이 겹쳐진다.

무서운 개

삼십 분 남짓 걸어 이라고산Monte Irago 정상에 있는
철 십자가La Cruz de Ferro에 도착했다.
십여 미터 남짓 되는 나무기둥 위에 철로 만든
작은 십자가를 고정시켜 놓았다.
순례자들은 자신들의 고향에서 가져온 돌을
이 철 십자가 아래 돌무덤 위에 올리고 소원을 빈다.

어제 새로 만난 사람들과 함께 길을 나섰다. 아직 어둑어둑해
서 길이 잘 보이지 않는다. 새벽길에 익숙하지 않을 이 사람들을 위
해서 평소보다 천천히 걸었다. 서쪽으로 갈수록 마을 모습이나 표지
판이 점점 더 낡고 오래되어 보인다. 우스갯소리로 어떤 젊은이는
쓰러져가는 마을이라고 표현하기도 했다.

길 찾기가 쉽지 않아 두리번거리고 있는데, 뒤쪽에서 익숙한 한
국말이 들려온다. 나이 지긋한 할아버지 다섯 분이 느긋하게 걸어오

고 계셨다. 모두 전주에서 오셨다는데 천천히 마을 구경도 하고 밥도 직접 해서 먹으면서 매일 10㎞씩 슬슬 가고 있다고 말씀하신다. 서로 농담을 주고받다가도 티격태격하시는 모습이 영락없는 '꽃보다 할배'의 한 장면이다. 나도 모르게 걸음이 빨라지고 있었던지 어제 새로 만난 일행들이 먼저 가라고 손짓을 보낸다. 또 보자고 인사를 건네고 혼자 걷기 시작했다. 묵주기도를 하면서 어스름한 새벽길을 걷고 있으니 마음이 평온해진다. 메세타를 지난 뒤로 아침 날씨가 부쩍 선선해진 듯하다. 가을이 되려나 보다.

　요즘은 새벽에 4㎞ 가량을 걷고 나서 아침을 먹는 게 습관이 되었다. 마을에 들러 까페에서 커피와 크로와상을 주문했다. 아침을 먹으며 집사람과 카톡을 하면서 쉬는 사이 날이 밝아지고 '꽃보다 할배' 팀이 도착했다. 이미 아침식사는 했고 오늘 여기서 묵으신다고 한다. 마을 정보를 미리 알아보고 오신 듯하다. 이분들의 여유로움이 부럽게 느껴졌다. 잠시 후 아침에 같이 출발했던 일행도 카페로 들어온다. 한 사람이 꽤 많이 지쳐 보인다. "천천히 오세요. 뒤처진다고 생각하실 필요도 없고, 제가 빨리 가고 있는 것처럼 보여도 저녁이면 같은 숙소에서 만날 지도 몰라요." 격려를 건네고 다시 발길을 옮겼다.

　엘 간소를 지나 완만한 산길로 접어들었다. 떡갈나무 숲을 지나다 보니 사유지를 경계 지어놓은 철조망에 순례자들이 만들어서 매달아 놓은 십자가가 여러 개 달려있다. 철조망만 보이면 십자가를

만들어서 달아놓는 것이 까미노의 문화가 된 것 같다. 언덕을 계속 따라 가니 한적한 차도가 나온다. 반대편에서 오던 차가 속도를 줄이고 다가와서는 나에게 앞에 뭐가 있으니 조심하라고 알려준다. 앞을 보니 무슨 동물이 보인다. 늑대냐고 물었더니 아니라고는 하는데 스페인어라서 알아들을 수가 없다. 고맙다고 인사하고 그저 위험한 동물이 있으니 조심해야겠다고 생각하면서 천천히 걸어갔다.

잠시 후 그 동물이 저만치에서 오는 차를 가로막고는 앙칼지게 짖어댄다. 그 차가 그냥 지나치자 옆에 앉아있던 커다란 개가 벌떡 일어나서 그 차를 향해 막 달려간다. 순식간에 벌어진 일이라서 어안이 벙벙하면서도 덜컥 겁이 났다. 조금 전 경고해 준 상황이 어떤 것인지 비로소 알 것 같았다. 원래 동물을 좋아하는 편이 아닌데다가 개의 몸집이 워낙 커서 무서운 생각이 든다. 부랴부랴 그곳을 피해 뛰다시피 빠른 걸음으로 지나쳐왔다. 그런데 아까 개가 서있던 자리에 차가 한 대 세워져 있고 그 옆에 사람이 한 명 서 있다. 개 주인이 아닐까 싶은데 이런 한적한 길에서 저렇게 큰 개를 풀어놓고 신경도 안 쓰고 있는 것이 이상하게 여겨졌다.

어느덧 라바날 델 까미노Rabanal del Camino에 도착했다. 안내책자에서 주민이 50명이라고 읽은 기억이 있는데 이렇게 작은 마을에 알베르게가 4~5개나 있다. 주민 대부분이 순례자와 관련된 일을 하며 사는 것이다. 그도 그럴 만한 것이 바로 앞에 해발 1,500m가 넘는 이라고산이 버티고 있어 미리 체력을 비축하고 산을 넘으려는 순례자들이 쉬어가기 딱 좋은 지점이 아닐 수 없다. 더욱이 다음 마을인 폰세바돈Foncebadon의 알베르게는 열악하다고 소문난 데 반해 이곳은 시설 좋은 알베르게가 많아 여기서 묵어가도록 일정을 짜는 사람들이 많다.

마을에서 성당에 들렀다. 안에 들어가 보니 한국말로 된 안내문이 있다. 한국인 신부가 있다는 내용과 순례자에 대한 안내가 적혀 있다. 나중에 알아봤더니 그 성당에서 묵게 되면 한국인 신부님과 영성적 교류도 할 수 있다고 해서 무척 아쉬웠다. 이런 귀한 정보를 미리 알았으면 일정을 맞춰서 짰을 텐데… 까미노를 걸으면서 고민하고 망설였던 일이 많이 있었지만 이때만큼 아쉬움이 컸던 적이 없었다.

이어지는 길은 고도가 높기는 해도 경사가 심하지 않은 오르막이라서 힘들이지 않고 올라갈 수 있었다. 폰세바돈은 마을 초입에 십자가가 하나 세워져 있었다. 십자가를 지나 들어선 마을은 '폐허'라는 말이 어울릴 정도로 초라했다. 무성한 잡초에 지붕이 내려앉았거나 헐려 있는 집들이 많아 과연 이런 곳에 사람이 살까 싶을 정도였다. 몰리나세카Molinaseca까지 가기 위해 길을 재촉하는데 비가 떨어진다. 얼른 우의를 꺼내 입고 발걸음을 서둘렀다. 이제는 비가 내려도 그러려니 하게 됐다. 잠시 후 비가 개는가 싶더니 커다란 무지개가 떴다. 이렇게 큰 무지개는 난생 처음이다. 평지에서도 이렇게 큰 무지개가 뜨는구나 감탄했다. 너무나 아름답다! 입을 떡 벌리고 바라보다가도 인증샷을 남길 정신은 있었다. 사진이야 실물에 비할 바가 못 되지만, 나중에 내 가슴에 이 순간의 감동을 다시 되살려 줄 것이다. 그런 마음으로 내 눈에 실컷 담아두었다.

삼십 분 남짓 걸어 이라고산Monte Irago 정상에 있는 철 십자가La Cruz de Ferro에 도착했다. 십여 미터 남짓 되는 나무기둥 위에 철로 만든 작은 십자가를 고정시켜 놓았다. 순례자들은 자신들의 고향에

서 가져온 돌을 이 철 십자가 아래 돌무더기 위에 올리고 소원을 빈다. 까미노에서 순례자들이 저마다 행하는 거룩한 행사인 셈이다. 사실 이런 유명세에 비해 철 십자가의 모양새는 아름답다거나 웅장한 것과는 거리가 멀다. 하지만 순례자들은 오래도록 가슴에 품어왔던 소중한 이야기를 이곳에 내려놓는다. 경건하고 엄숙한 마음으로. 그렇게 철 십자가 아래에는 순례자들의 진심이 담긴 돌멩이들이 천년의 세월과 함께 쌓여가고 있었다.

철 십자가 주변에서 기도하는 사람들 틈에 서 있으니 순례의 맛이 진하게 느껴진다. 인증샷을 찍으러 돌탑 위로 올라가는데 자전거로 순례 중인 브라질에서 온 친구를 만났다. 며칠 전에 와인 오프너를 빌려주던 친구다. 너무 반가워서 포옹을 하고 사진을 찍었다. 그런데 헤어지기 전 이 친구가 내 머리에다 뽀뽀를 한다. 아이쿠! 지난번 헬레나하고 똑같다. 브라질 사람들은 헤어질 때 이렇게 인사를 나누나 보다. 당황스러우면서도 허물없이 대해주는 마음이 고마워서 마음이 무척 흐뭇해졌다.

조금 내려오니 산티아고 222㎞, 예루살렘 5,000㎞ 등 표지판이 여러 개 세워져 있다. 바로 앞에 있는 찻집에서는 무료로 차를 나누어 준다. 허브향이 그윽한 차를 마시니 몸이 훈훈해진다. 기분 좋게 동전을 기부함에 넣고 나왔다. 또 비가 오기 시작한다. 올라갈 때와 마찬가지로 내려가는 길도 도로와 오솔길 두 가지가 있다. 비가 오니 아무래도 도로가 편할 것 같다. 그런데 아래쪽에서 송아지만한 개가 올라오고 있다. 털에 검은 줄무늬까지 있어 더 무시무시하게 보인다. 나는 스틱을 꼭 쥔 채 벌벌 떨며 천천히 걸었다. 이런! 개의 눈에 초점도 없다. 눈을 마주치지 않으려고 조심하면서 내려갔다. 그 개를 지나쳐 내려와서 놀란 가슴을 쓸어내리고는 발길을 서둘렀다. 오늘따라 무시무시한 개를 두 번이나 만나다니 묘한 일이다.

폰세바돈 못지않게 황량한 만하린Manjarin이란 마을을 지났다. 허물어져 가는 돌담, 나무로 얼기설기 엮어 놓은 건물들, 여기저기 세워져 있는 여러 나라의 국기까지 비에 젖은 마을은 약간 으스스한 분위기까지 풍기고 있었다. 비를 맞은 상태에서도 선뜻 머물고 싶은 마음이 들지 않아 조금 더 기운을 내서 엘 아세보El Acebo까지 가보기로 했다.

언덕에서 내려다본 엘 아세보 마을은 지붕 색깔이 독특했다. 언덕 중턱 좁은 평지에 짙은 청회색 지붕을 얹은 집들이 옹기종기 모여 있다. 단정하고 점잖은 느낌을 주는 마을이다. 마을에 들어서니 길바닥이 돌로 포장되어 있고, 돌로 지어진 집들은 집의 외벽에 이층으로 올라가는 계단을 만들어 놓은 구조였다. 마을이 전체적으로 깔끔하고 안정된 분위기를 자아낸다.

한 시간 가량을 더 걸어 몰리나세카에 이르렀다. 마을 오른편으로 실 강Rio Sil이 완만하게 흐르고 있다. 다리를 건너 마을로 들어가니 큰 길을 따라 양 쪽에 상점과 집들이 늘어서 있다. 알베르게는 마을에서 서쪽으로 1km쯤 떨어진 실 강 옆 도로변에 있었다. 비를 맞으면서 걸어온 탓에 얼른 쉬고 싶은 마음이 간절했다. 알베르게에 도착하니 이탈리아 아가씨 헬레나가 있고 아는 얼굴들이 몇 보인다. 벽난로가 있어서 신발이나 옷가지를 말리기가 좋았다.

편의점에 먹을 것을 사러 나가다가 한국인 부부를 만났다. 같이 장을 보고 이것저것 만들어서 같이 저녁을 먹었다. 저녁 내내 비가 시원하게 쏟아진다. 따뜻한 숙소에서 맛있게 저녁을 먹으니 빗소리조차 운치 있게 들려온다. 이들은 포르투갈에서 온 선교사 부부였다. 선교를 시작하기 전에 언어나 현지 적응 연습을 하려고 순례길에 왔다고 한다. 앞으로 선교사의 책무를 잘 할 수 있도록 같이 기도를 드렸다.

오늘은 헬레나와 같이 출발하게 되었다. 첫날부터 알게 돼서 여러 차례 만나게 되는 걸 보면 이번 까미노에서 나와 인연이 깊은 친구인 듯하다. 씩씩한 이 아가씨에게 스페인어를 잘하는 것 같다고 하니 이탈리아어랑 비슷해서 대충 이야기해도 얼추 통하는 것 같다고 말한다. 같이 다니던 친구들은 안 보인다고 했더니 그냥 배시시 웃기만 한다. 서로 각자의 길을 가고 있는 것이리라. 문득 까미노에 오기 전에 『십자군 이야기』를 읽은 기억이 나서 『로마인 이야기』의 저자로 이탈리아에 살고 있는 일본인 작가 시오노 나나미를 알고 있냐고 물어봤는데 잘 모르겠다고 대답한다. '한국과 일본에서만 유명한 건가?' 좀 의아하게 생각되었다.

우리는 폰페라다Ponferrada를 향해 가고 있다. 폰페라다라는 지명은 '철로 된 다리'라는 어원에서 비롯되었다. 폰페라다는 주변에 광산이 있어 금속과 광물 등의 자원이 풍부했던 덕분에 중세시대부터 번성을 누렸다고 한다. 그래서 대부분 돌로 만든 다리가 놓여 있는 다른 지역과 달리 이곳은 풍부한 철을 이용해 철교Pons Ferrada를 만들었다고 한다. 또 이곳에는 12~13세기 세워진 템플 기사단의 요새, 템플라리오스성Castillo de los Templarios이 있다. 이 성채는 폰페라다의 가장 큰 유산이며, 스페인의 국가기념물로 지정되어 있다. 매년 7월 여름의 첫 번째 보름달이 뜰 때면 중세의 템플기사단을 기리며 축제를 벌인다고 한다.

나는 폰페라다에서 UNEDUniversidad Nacional de Educaci na Distancia를 방문할 생각이다. 이번 순례 여행에서 여섯 군데의 대학을 방문하기로 계획을 세웠는데 그 중 한 곳이다. 방향이 다른 까닭에 폰페라다 시내에서 헬레나와 헤어졌다. 와이파이 되는 찻집에서 지도를 보며 UNED를 찾아보니 20분 정도 더 가면 될 것 같다. 그런데 종업원이 오늘이 시에스타공휴일라서 가봐야 아무도 없을 거라고 염려를 한다. 정말 이곳은 툭 하면 시에스타라고 해놓고 문을 닫아놓기 일쑤다. 어쨌거나 일단 가보기로 했다.

UNED는 우리나라 방송통신대 같은 원격대학으로 전국에 퍼져 있는 대학이다. 종업원이 충고했던 대로 정말 시에스타라서 모든 문이 닫혀 있다. 하는 수 없이 근처 관광안내소에 가서 스탬프를 받았다. 아쉬운 마음에 도시 구경을 할까 생각도 했지만, 날씨가 별로 좋

지 않아서 점심만 얼른 먹고 계속 나아가기로 마음을 바꿨다.

마을을 몇 개 지나고 광활한 포도밭을 따라 걷다보니 카카벨로스^{Cacabelos}에 도착했다. 엘 아세보부터 이곳까지 이어진 마을들은 지붕이 다 비슷한 청회색이었다. 조그마한 마을을 벗어나 다리를 건너니 공립 알베르게가 나타났다. 수도원에서 운영하는 곳으로 방들이 원형으로 배치되어 있다. 2인 1실이라 여유롭기도 하고, 복도식이 아닌 방에서 바로 마당으로 나오는 구조이다. 게다가 마당에 있는 자판기에서 맥주도 판매하고 있다. 또 자체적으로 운영하는 바도 있다. 시설이나 분위기가 마음에 들어 이곳에서 묵기로 했다.

간단하게 빨래와 샤워를 하고 식사를 하러 마을로 나갔다. 한국인 친구들은 여기에 주방이 없는 것을 아쉬워한다. 자기들끼리 하는 얘기를 들어보니 이 친구들 중에 한 명이 요리사인 듯하다. 식재료를 구해 알베르게에 있는 친구들에게 삼계탕, 갈비찜, 스파게티 등 여러 가지 음식을 만들어 주고 호평을 받았다며 자부심이 대단하다. 그런 얘기를 옆에서 듣고 있으니 괜히 나도 아쉬운 마음이 들었다.

이 도시도 와인이 유명하다. 그래서인지 포도를 으깨서 오크통에 담는 작업들을 여기저기서 볼 수 있었다. 그런데 그다지 위생적으로 보이지는 않는다. 저녁을 먹고 대충 마을을 둘러본 뒤 알베르게로 돌아왔다. 바에서 맥주나 한잔 하려고 자리를 잡았는데 외국인 친구가 말을 건넨다. 스웨덴에서 온 마리아라고 소개한다. 굉장히 사교적인 아가씨다. 우리 옆에는 마시지를 받고 있는 사람도 있다.

여기 호스피탈로에게 비용을 지불하고 서비스를 받는 것인데 상당
히 시원하다고 한다. 그런 얘기를 들으면서도 나는 속으로 '술 한잔
하면 다 풀어지는데…' 라고 생각했다. 어라! 오늘은 내 옆 침대에
아무도 들어오지 않는다. 오늘은 혼자 자는 행운을 얻었다.

　아침에 일어나니 날씨가 제법 쌀쌀하다. 으스스한 기운에 자꾸
침낭 안에서 꾸물거리게 된다. 그래도 아침을 먹어야 하니 서두르기
로 했다. 요리사 일행들과 함께 길을 나섰다. 식자재를 갖고 다녀서

그런지 배낭이 무거워 보인다. 배낭의 짐 때문에 힘들 것 같다고 말을 건넸더니 괜찮다면서 자신이 만든 요리로 다른 사람들을 즐겁게 해 줄 수 있어 아주 기쁘다고 말한다. 요리사는 아닌데 패스트푸드점에서 얼마간 아르바이트를 했던 경험 덕분에 재료를 보면 어떻게 조리를 해야 되는지 감이 생겼다고 한다. 여기서 요리를 해볼까 한다고 앞으로의 계획도 들려준다. 이야! 이거야말로 아르바이트를 통한 재능 발견이 아닐 수 없다. 멋진 계획이라고 고개를 끄덕이면서 나도 언제 그 솜씨를 맛볼 수 있으면 좋겠다고 덧붙였다.

　　짐이 많은 탓인지 이 친구들은 속도를 내질 못 한다. 오늘은 마지막 산을 넘어야 하는 일정이라 서둘러야 한다. 먼저 가겠다고 인사를 전하고 차도를 따라 열심히 걸었다. 그런데 저 앞에 또 송아지만한 개가 버티고 서있다. 앞뒤를 돌아봐도 인기척이 없다. 길가에 나와 개 둘뿐이다. 진퇴양난이 아닐 수 없다. 스틱만 꼭 쥐고 떨고 있는데 이놈의 개도 물러설 기미를 보이지 않는다. 눈치를 보다 슬그머니 차도를 넘어 반대편으로 건너가는데 갑자기 이 개가 큰 소리로 짖어대면서 나를 향해 으르렁거린다. 다행히도 그때 외국인 남녀가 차도를 건너 내 쪽으로 걸어온다. 그들을 따라 다시 길을 가는데 그 개가 한참을 뒤따라오면서 짖어대는 바람에 다리가 후들거릴 지경이었다.

　　이 남녀는 둘 다 독일에서 왔는데 같이 온 사이는 아니고 이곳에 와서 처음 만났다고 한다. 덕분에 무사히 지나왔다며 고맙다고 인사를 하니 자기들은 별로 무섭지 않았단다. 그냥 무시하라고 충고를 해준다. '개 무시' 하라는 건가? 속으로 우스갯소리도 해봤지만 무서운 건 어쩔 수 없다. 도리어 저렇게 몸집이 큰 개가 짖어대는데 겁이 안 난다는 것이 이상하다. 그래도 나 혼자 겁을 집어먹고 오도 가도 못하고 있었던 모습은 창피했다. 나는 왜 이렇게 개를 무서워할까?

잠시 같이 걷다가 이들은 좀 쉬었다 가겠다고 해서 나는 먼저 산 쪽으로 접어들었다. 베가 데 발카르체Vega de Valcarce부터 오 세브레이로O Cebreiro까지는 12km로 비교적 짧은 거리지만, 해발 1,330m의 정상에 있는 오 세브레이로까지 꽤 가파른 고개를 올라야 한다. 대서양 가까이에 위치한 지역이라 기후가 습해 안개도 자주 끼고 소나기도 자주 오는 등 날씨가 변덕스러워서 날씨 운이 따라주지 않으면 죽음의 코스가 될 수도 있다고 들었다. 그런 고개를 넘으면서도 내 머릿속은 온통 개랑 또 마주치지 않을까 하는 걱정으로 가득하다. 연일 개 때문에 십 년 감수한 터라 전생에 내가 개하고 무슨 원수를 졌나 하는 생각까지 든다.

도중에 갈리시아 지역을 나타내는 경계 표지석을 지났다. 템플 기사단의 붉은 십자가와 성배 형상이 선명하다. 카스티야 레온 자치구를 벗어나 이제부터 갈리시아 자치구의 루고 주에 들어서는 것이다. 갈리시아 자치구의 주도가 바로 산티아고 데 콤포스텔라다. 최종 목적지에 가까워지고 있다. 나는 개에 대한 긴장을 늦추지 못한 채로 산 정상에 닿았다.

　　오 세브레이로는 작은 마을이지만, 산 정상에 위치한 걸 감안한다면 그다지 작은 규모도 아닌 듯하다. 돌담과 돌로 지어진 집들이 아기자기하다. 특이하게 수십 겹의 짚을 층층이 엮어서 지붕을 만들어 얹었다. 갈리시아 지역의 전통가옥 구조라고 하는데, 제주도의 시골초가와 유사한 느낌을 준다. 바람이 많은 지역의 특색인가 보다. 여기저기 식당도 보이고, 성당이랑 전망대도 있다. 얼른 알베르게에 등록을 마치고, 날씨가 너무 좋아 빨래를 했다.

　　오 세브레이로 성당O Cebreiro Iglesia으로 가보았다. 이 성당은 순

레길에 현존하는 가장 오래된 성당 중 하나인데, '오 세브레이로의 기적'이라는 전설로 유명하다. 중세시대 독실하지만 가난했던 한 소작농이 목숨을 걸고 무시무시한 눈보라를 뚫고 미사에 참석하러 이 성당에 왔다고 한다. 그런데 오만한 사제는 가난하다는 이유로 멸시의 눈초리를 숨기지 않으면서 이 농부에게 빵과 포도주를 건넸다. 그 순간 빵과 포도주가 그리스도의 몸과 피로 변했고, 성당 안의 마리아상도 이 기적적인 광경을 향해 고개를 기울였다고 한다.

미사시간을 알아보니 여유가 좀 있다. 주변을 둘러보면서 사진도 찍고 햇살도 즐겼다. 그러다보니 개들한테 시달렸던 피로감이 한꺼번에 날아가는 것처럼 기분이 상쾌해졌다. 미사 시간에 맞춰 성당에 가니 역시 순례자들이 많다. 마음이 평온해지면서 홀가분해진다. 미사를 마치고 성당을 나오다 폴란드에서 온 친구와 아까 마주쳤던 독일 아가씨를 만났다. 나에게 동행이 없으면 같이 식사를 하자고 권한다. 식당으로 가는 도중 이 사람 저 사람 끼다보니 여섯 명이 모였다.

통성명을 하고 나니 미국, 캐나다, 폴란드, 독일, 한국 사람들이 한자리에 모인 완전 다국적 테이블이 되었다. 식사를 기다리는 동안 독일 아가씨가 아까 길거리에서 마주친 개 이야기를 꺼낸다. 다들 웃으면서 나한테 개가 뭐가 무섭냐고 한다. 내가 개 몸집이 엄청 컸다고 하니 다들 스마트폰에서 자기들이 키우는 개들을 보여준다. 웬걸! 다 송아지만 하다. 또 다시 나만 겁쟁이가 돼 버렸다. 미국인 친구는 배를 타는 선원인데 자기는 개를 꿀밤 한대로 제압한다고 말해 준다. 나는 속으로 '그런 네가 더 무섭다'고 중얼거렸다.

그러다보니 서로 자기 나라의 문화에 대한 이야기를 나누게 됐다. 나한테는 한국의 비빔밥에 대해 설명을 해 달라며 관심을 보인다. 다양한 재료가 어우러져 눈으로 보기에도 예쁘고 맛도 좋고 건강에도 좋은 음식이라고 얘기해 주었다. 역시 많은 외국인들에게 이색적이면서도 먹어보고 싶은 음식은 비빔밥인가 보다.

어느새 날이 어두워지고 숙소에 들어갈 시간이 되었다. 바람도 꽤 많이 불고 빗방울이 떨어지고 있다. 부리나케 숙소로 달려가 보니 아까 널어놓은 빨래가 이리저리 날아가 있다. 빨래를 찾아 들고 침대로 갔더니 재미있는 상황이 벌어져 있다. 침대가 4개씩 붙어있는데 나와 독일 아가씨를 비롯해 방금까지 같이 수다를 떨었던 여섯 사람 중 네 명이 모두 같은 방 이층침대로 배정받아 침대 구분만 있을 뿐 같은 방 같은 높이에서 서로 머리를 맞대고 자게 된 상황이다. 다 같이 얼굴을 마주보고 한참을 웃었다.

우리들의 대단한 인연과 유쾌한 우연을 생각하며 기분 좋게 잠에 빠져들었다. 내일은 또 어떤 인연을 만날 수 있을까 기대가 된다.

사람이 그리웠던
빗속의 산길

계속 산길을 타고 걷다가 드디어 여행자 무리를 만났다.
버스를 대절해서 순례자 길 중 많이 힘들지 않으면서
유명한 곳들 위주로 구간을 짧게 나눠서 걷는 여행들이다.
배낭 없이 가이드를 따라 다니면서 예약한 식당에서 식사를 하는 등
소풍 나오듯이 순례길을 경험하는 것이다.

어젯밤 즐겁게 잠들었던 마음은 새벽녘 심란함으로 뒤바뀌었
다. 비가 와도 너무 많이 온다. 산 정상인 탓에 바람도 심하게 분다.
마음을 단단히 먹고 밖으로 나왔는데, 헤드랜턴을 켜도 앞이 거의
보이지 않는다. 우의도 비바람 앞에서는 아무 소용이 없다. 날씨가
이러니 어제 함께 저녁을 먹었던 사람들과 같이 움직이기로 했다.
선원 출신인 미국인이 용감하게 앞장을 선다.
　　어두운데다 안경에 서리가 끼고 빗물까지 튀니 정신이 하나도

없다. 그냥 앞 사람 놓칠 새라 시커먼 형체를 쫓아가기에 바쁘다. 옷이 젖건 앞이 안 보이건 신경 쓸 겨를이 없다. 그저 이 대열에서 낙오되면 안 된다는 생각뿐이다. 한참을 내려오니 바가 보인다. 거기서 몸도 녹이고 빗줄기가 수그러들기를 기다리기로 했다. 걱정스러운 마음에 아침도 먹는 둥 마는 둥 식욕이 없다. 다시 출발해야 하는데 아직도 비가 내리고 있다. 바지가 다 젖어서 일어나기도 싫다. 그래도 일행이 있으니 마음을 추스르고 길을 나서게 된다.

천천히 가다보니 비가 좀 그치고 마을이 나타났다. 마을로 들어가니 개들이 있다. 독일 아가씨가 개 나타났는데 어떡하냐며 나를 놀린다. 이 친구들은 거리낌 없이 커다란 개들을 쓰다듬는다. '도대체 이 지역 사람들은 다들 왜 개를 풀어놓고 키우는 거야!' 그래도 옆에 친구들이 있으니 개를 무시하고 지나가기가 한결 수월하다. 친구들도 그냥 모른 척 지나가면 별일 없다며 겁낼 필요 없다고 얘기해 준다. 그 뒤로는 개들과 마주쳐도 의식하지 않고 그냥 지나치려고 노력하게 되었는데 정말 아무 일도 생기지 않았다. "개무시(개를 보면 무시하라)!" 이래서 생긴 말인가 보다.

같이 온 친구들은 폰프리아Fonfría에서 머무르겠다고 한다. 나는 좀 더 가보기로 욕심을 냈다. 폴란드에서 온 친구도 점심을 먹고 산 아래쪽 마을까지 더 가겠다고 한다. 그 친구와는 트리아 카스텔라Triacastela에서 헤어졌다. 나는 오후에도 더 나아가 보기로 했다. 그런데 가다보니 금세 후회가 된다. 아침에 비를 맞아 지치기도 했고, 산길을 계속 혼자서 가려니 재미도 없다. 게다가 다음 마을에는 알베르게도 없다. 이거 참 큰일이다! 아침부터 날씨가 안 좋아 고생을 했는데, 오후에 지나는 곳들은 알베르게는 고사하고 쓰러져가는 허름한 마을만 지나게 된다.

계속 산길을 타고 걷다가 드디어 여행자 무리를 만났다. 버스를 대절해서 순례길 중 많이 힘들지 않으면서 유명한 곳들 위주로 구간을 짧게 나눠서 걷는 여행자들이다. 배낭 없이 가이드를 따라다니면서 예약한 식당에서 식사를 하는 등 소풍 나오듯이 순례길을 경험하는 것이다. 가이드에게 이것저것 물으면서 걷다 보니 드디어 산실San Xil에 도착했다. 이곳에도 알베르게가 없다. 난리 났다는 생각에 마음이 불안해진다. 그나마 이 사람들과 보조를 맞춰서 가고 싶은데, 가이드가 앞장서서 가라고 자꾸 인사를 한다. 이 사람이 내 사정을 어찌 알겠는가? 난 아직도 개가 나타날까봐 무서워서 그러는데 좀 같이 가면 안 되나?

빗줄기도 살짝 오락가락 하고, 몸도 지치니 처음으로 차를 타고 싶다는 생각이 들었다. 아니 누구라도 같이 걷는 사람이라도 있으면 좋겠다는 생각이 간절했다. 이제 날도 어두워지고 있다. 대충 계산해보니 이미 30㎞를 넘게 걸었는데 숙소를 못 찾고 있다. 발걸음을 재촉했지만, 금세 어둠이 내려앉고 비까지 오기 시작한다. 마음은 다급하지만 나로서는 무조건 앞으로 나아가는 것밖에 도리가 없다. 비도 계속 맞다보니 오기가 생긴다. 신발이 젖든 말든 한발 한발 열심

히 내딛는데, 어라! 신발에 물이 차오른다. '이거 고어텍스도 뭐고 다 필요 없네.'

드디어 마을에 들어섰다. 푸렐라Furela라는 마을이다. 마을 입구에 있는 카페에 들어가서 알베르게 위치를 물었다. 조금 더 가보라고 한다. 저편 도로 옆에 알베르게가 보인다. 서둘러 문을 열고 들어갔는데 아무도 없다. 관리인이 나오는데 어째 신통치 않아 보인다. 근처에 다른 알베르게가 있는지 물었더니 30분 정도 더 가라고 한다. 다시 빗속을 걸었다. 아! 고생 끝에 낙이 온다고 그림 같이 멋진 사설 알베르게가 나온다. 여기에는 사람들도 꽤 많다. 고생한 보람이 있었다.

저녁을 포함해서 19유로라고 한다. 좀 비싸긴 하지만 빨래를 해준다. 등산화 밑창까지 내줬더니 세탁기를 돌려준다. 거실에 따

뜻한 벽난로도 있다. 신발이 걱정되어서 벽난로에 갖다 놓으면 안 되겠냐고 물었더니 흔들의자에 앉아 있던 백인이 "NO!" 라고 거의 소리를 지르다시피 큰 소리로 말한다. 속으로 좀 말리면 어떠냐 싶었지만 참았다. 사무실에서 신문지를 얻어다가 등산화 안에 끼워 넣었다. 샤워를 하고 거실에 앉아 따뜻한 차를 마시니 세상 부러울 것이 없다. 와이파이도 잘 터진다.

문득 오늘이 그동안의 까미노 일정 중 가장 힘든 날이었다는 생각이 들었다. 갑자기 피로가 몰려오고 잠이 쏟아진다. 그래도 저녁은 먹고 자야 할 것 같아 눈을 부릅뜨고 저녁 시간을 기다렸다. 스파게티, 빠에야, 야채 등 푸짐하게 차려진 식탁이 너무 반갑다. 콩을 곁들여 끓인 걸쭉한 스프가 특히 맛있었다. 그리고 역시나 빼놓을 수 없는 게 와인이다. 정신없이 먹고 또 먹었다.

배가 부르고 노곤해지니 불현듯 10월 중순이라는 생각이 머리를 스친다. 한국도 이제 완연한 가을이겠구나. 가을이면 유난히 즐겨 부르던 '가을비 우산 속'이라는 노래가 떠오른다. 종일 비 때문에 더 고생스럽다고 생각했지만, 원래 나는 가을비를 무척 좋아한다. 이런 생각에 빠져드니 가족과 떨어져 혼자 우중충하게 지내고 있다는 느낌이 들었다. 오후 내내 사람을 그리워하며 걸었더니 뜬금없이 향수병 증세를 보인다.

상념을 지우고 방으로 들어갔다. 이층침대가 3개가 있는 방이다. 브라질에서 온 남자 3명이 자고 있다. 침대에 누우니 신발이 걱정된다. 내일 새벽까지 다 말라야 할 텐데… 새벽에 잠이 깨 거실에 나가니 커피와 빵이 마련되어 있다. 어제 저녁 그렇게 열심히 먹었는데도 시장기가 돈다. 간단히 요기를 하고 짐을 꾸렸다. 걱정스러운 마음으로 등산화에 발을 넣어보니 경이롭다. 와! 물기가 없다. 신문지의 힘인가? 고어텍스의 힘인가? 걱정이 사라지니 기분이 좋아진다. 오늘도 상쾌하게 아침을 시작할 수 있을 것 같다. 이곳도 기억에 남는 알베르게가 될 것 같다.

조금 걸어 사리아Sarria에 닿았다. 여기서부터 산티아고까지 거리가 108㎞이다. 산티아고를 기점으로 100㎞ 이상을 걸어 들어가거나 자전거로 200㎞를 온 경우에 순례자협회 사무실에서 순례증명서를 발급받을 수 있다. 그 때문에 이곳에서 까미노를 시작하는 사람들이 꽤 많다. 제법 큰 도시라서 상점이 꽤 많다. 도심을 벗어나 언덕을 지나는 길에 등산용품점이 있어서 우의를 하나 새로 사기로 했다. 며칠 남지 않았지만 요즘 비가 많이 오고 있어 바람막이 갖고는 한계가 있을 것 같다. 며칠만 쓸 거라 비닐제품을 골랐다. 배낭을 멘 채로 그 위에 통째로 뒤집어 쓸 수 있는 것이라 유용할 듯하다. 그래도 내심 이걸 쓸 일이 없었으면 하고 바라게 된다.

사리아를 벗어나는 아스페라 다리Ponte Aspera는 거칠게 절단된 돌로 만들어져 있어 바닥이 울퉁불퉁하다. 다리를 건너 철도와 작은 개울을 지나 급경사의 산길로 들어섰다. 오전이기도 하고 산티아고가 가까워진 탓에 순례자가 꽤 많다. 숲길을 한참 가다보니 앞에 동양인 여자가 보인다. 말을 건네니 한국인이다. 어째 신발도 새것 같고 배낭을 멘 본새도 어색하다. 언제부터 걷기 시작했냐고 물으니 어제 도착해서 이제 여행자 여권을 만들고 출발하는 참이라고 한다. 오늘은 무리하지 않고 갈 수 있는 곳까지 가보겠다고 해서 같이 걷기로 했다. 가끔은 혼자 걷는 것이 좋을 때도 있지만, 개를 만나고 난 후로는 부쩍 일행이 그리워졌다. 보조를 맞추다보니 평소의 80% 정도의 속도로 걷게 된다.

도중에 바가 있어서 간단한 요기를 하기로 했다. 차를 마시고 있는데 레온에서 만나서 같이 걸었던 체격 좋은 한국인 청년이 들어온다. 이 아가씨를 보더니 대뜸 "얼마 안 되셨군요?" 한다. 어떻게 보자마자 바로 알아챘냐고 했더니 "얼굴이 안 탔잖아요" 한다. 나는 이런 단순한 것도 눈치 채지 못했던 것이다. 이 여자 분은 일본에 있

는 미국계 다국적 기업에 다니고 있다고 한다. 일본어는 잘 못하는데 영어로 업무를 한다면서 휴가를 내고 여기에 왔다고 한다. '참 대단한 한국 여자' 라는 생각이 들었다.

넓은 밤나무 숲을 지나니 포르토마린Portomarin이 나타났다. 미노 강Rio Mino을 가로지르는 높은 다리를 건너 마을로 들어갔다. 시가지는 도시의 언덕 위에 있었고, 도심 중앙에 광장과 성당이 있다. 성당 근처의 알베르게가 보인다. 주방도 있고 밥도 직접 해 먹을 수 있는 곳이었다. 이 아가씨를 알베르게까지 안내해 주고 나는 길을 계속 떠났다. 늘 그랬듯이 "부엔 까미노"라고 인사를 전했다.

다시 혼자가 되어 걷는다. 역시 오후가 되니 까미노에 사람이 별로 보이지 않는다. 10㎞ 정도만 더 갈 생각이었는데, 길이 잘 안 보여서 언덕 아래를 내려다보았다. 도로를 따라 걷는 것이 편하겠다는 생각이 든다. 날씨가 어두워질 무렵 곤사르Gonzar라는 작은 마을에 도착했다. 도로변에 알베르게가 있어서 들어갔다. 옆에 식당이 있는데 그다지 좋아 보이지는 않는다. 대충 짐을 정리하고 식당으로 식사를 하러 갔는데 역시 탐탁치가 않다. 마을을 둘러보니 다른 알베르게가 있는데, 내가 있는 곳보다는 조금 나아 보인다. 조그만 동네인데 집집마다 개들이 짖는다. 왠지 옛날 시골에 온 기분이 든다. 단, 커다란 개와 마주치지만 않는다면…

알베르게로 돌아와 쉬고 있는데 어떤 미국인이 말을 걸어온다. 여기 식당에서 식사할 거냐고 물어서 마을 안쪽에 있는 곳이 더 좋아 보이더라고 했더니 같이 가보자고 청한다. 둘 다 혼자였던 터라 흔쾌히 따라나섰다. 이 친구는 식사하는 내내 연신 이 식당으로 온 건 탁월한 선택이라고 한다. 이름이 토마스 오키드라고 한다. 뉴욕의 메릴랜드에 살고 있는데 얼마 전 퇴직하고 지금은 정부관련 컨설팅 일을 하고 있다고 한다. 내가 이곳이 사설이라서 시설이 더 좋은 거라고 설명했더니 앞으로는 사설 알베르게를 이용해야겠다고 한다. 덕분에 좋은 곳에서 식사 할 수 있었다면서 고맙다고 인사를 한다.

일정을 들어보니 둘 다 내일 멜리데Melide까지 갈 계획이다. 중간에 헤어지게 되면 거기서 다시 만나자고 했다. 토마스가 와인을 별로 마시지 않아 혼자 거의 다 마시게 됐지만 기분은 아주 좋다. 역시 장소보다 누구와 지내느냐가 더 중요하다는 생각이 또 들었다. 오늘도 기분좋게 하루가 저물어간다.

아침에 일어나니 몸이 개운하다. 아침부터 속도를 내서 걸었다. 아침 먹을 곳이 눈에 띄지 않아 발길을 서둘렀다. 점심이 되자 또 비가 오기 시작했다. 우비를 사뒀더니 쓸 일이 생겼다. 팔라스 데 레이Palas de Rei에서 점심을 먹고 있는데 토마스가 지나간다. 이름을 불렀더니 얼른 안으로 들어온다. 앉자마자 "네 선택은 항상 탁월하다"며 너스레를 떤다. 어차피 오늘은 멜리데까지만 갈 계획이니 같이 가기로 했다.

비도 오고 날이 우중충하다. 토마스가 걷는 속도에 맞춰서 기다려주고 쉬어가면서 천천히 걸었다. 그래도 토마스가 나이가 있어

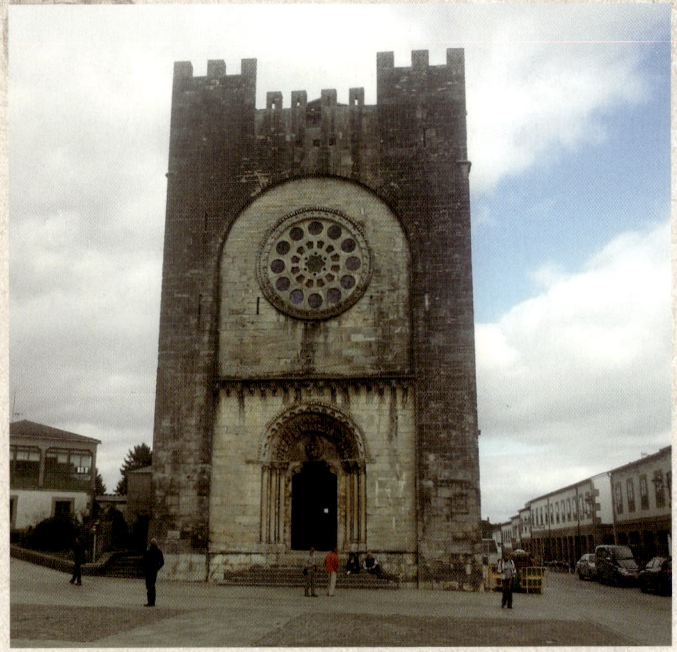

선지 많이 힘들어한다. 산길이라 걷기도 더 힘든 것 같아 가까운데서 묵는 게 어떠겠냐고 물었더니 내 계획을 묻는다. 예정대로 멜리데까지 가겠다고 하니까 자기도 따라가겠다고 한다. 좀 늦게 도착하더라도 열심히 가보자고 했다.

이야기는 쉴 때마다 나누었다. 토마스는 앞으로 4일밖에 여유가 없다면서 산티아고에 도착하면 바로 마드리드로 가서 미국행 비행기를 타야한다고 한다. 나는 서쪽 끝의 피에스테라에 갈 계획이라고 했다. 토마스가, 시간이 부족한 것을 무척 아쉬워했다.

키 작은 아주머니 한 명이 씩씩하게 걸어온다. 네팔에서 온 사람인데 영어를 아주 잘한다. 고등교육을 받은 고위층 같은 느낌을 준다. 우리를 지나쳐가던 스페인 친구들도 토마스에게 아는 척을 한다. 토마스가, 그중에 한 명만 영어를 좀 하는데 아주 재미있는 친구라고 얘기해 준다. 빗속이든 산길이든 까미노에서 전 세계 사람들이 인연을 만들어 가고 있다는 생각이 들었다.

드디어 멜리데에 도착했다. 알베르게가 여러 개 있다. 토마스가, 나의 판단을 믿는다면서 나한테 선택을 하라고 한다. 사설 알베르게에 등록을 하고, 뿔포 요리 잘 하는 식당을 소개받았다. 뿔포는 문어요리인데, 멜리데의 명물이자 이곳의 뿔포가 진짜 오리지널이라는 얘기를 들었다. 토마스에게 뿔포를 먹으러 가자고 하니 내켜하지 않는다. 서양 사람들 중에 더러 문어나 낙지 같은 류를 안 먹는 사람들이 있다. 내가 일단 가보자고 우기니 마지못해 따라나선다.

식당에 가보니 그제 알베르게에서 만났던 브라질에서 온 삼부자가 있다. 반갑게 인사를 하고 자리에 앉았다. 그 사람들은 벌써 뽈포를 먹고 있는데, 나무접시에 썰어놓은 문어 다리가 보인다, 어째 눈으로는 그다지 식욕을 자극하지 않는다. 그래도 어떤 맛인지 궁금해서 주문을 하려는데 토마스가 뽈포는 먹지 않겠다고 한다. 어쩔 수 없이 여행자 메뉴를 시켰다. 와인이 딸려 나왔는데 막걸리 잔 같은 데에 와인을 담아서 준다. 사발로 마시는 와인도 나쁘지 않다. 와인을 와인글라스에 먹어야 한다고 생각하는 것도 고정관념이었나 보다.

뽈포를 못 먹는 것이 영 아쉬워서 브라질 친구에게 맛 좀 보자고 청했다. 문어 다리가 참 부드러웠다. 좀 특이한 맛이긴 한데 술안주로 잘 어울릴 맛이다. 그 친구들이 합석을 하자고 권했지만, 토마

스가 불편해 할 것 같아 먼저 일어나서 나왔다. 오늘 묵는 알베르게
도 한 방을 여섯 명이 쓰는 곳이라서 북적이지 않고 아늑하다.

　며칠째 빗속을 걸었는데 내일은 날이 화창했으면 좋겠다. 이제
정말 얼마 남지 않았다. 그런데 갑자기 글귀 하나가 머리를 스쳐간
다. '아직 힘들다면 목적지까지는 좀 더 가야한다.'

산티아고 데
콤포스텔라

:
:
:
:
:

내 걸음이 빨라진다.
마지막 이정표들이 또렷하게 눈에 들어온다.
어제는 그렇게 보이지 않더니, 아마도 주님께서 이제야 보여주시나 보다.
말끔하게 포장된 길을 따라 3km 정도를 더 걸어서
드디어 산티아고 데 콤포스텔라Santiago de Compostela에 도착했다.

평소보다 조금 많이 걸으면 내일 산티아고에 수월하게 도착할
수 있을 것 같아서 출발 준비를 서둘렀다. 그런데 어제 저녁에 다시
내리기 시작한 비가 아직도 오고 있다. 바람은 심하게 불지 않지만,
이곳 멜리데도 며칠째 비가 오락가락 반복하고 있다니 선뜻 나서기
가 망설여진다. 어제도 비를 맞으면서 걸은 데다 비에 젖은 옷을 빨
아서 드라이어로 겨우 말렸는데 또 비를 맞을 생각을 하니 출발하기
가 망설여진다. 토마스는 일정상 서둘러야 한다며 나설 채비를 한
다. 나도 우물쭈물 따라나섰다.

일단 1층 바에서 아침을 먹고 출발하기로 했다. 나는 커피와 빵을 주문했고, 토마스는 오렌지주스와 빵을 주문했다. 오렌지를 통째로 압착한 주스를 내어준다. 토마스는 나이 탓인지 커피, 술 등을 피하고 생과일주스를 주로 먹는다. 나도 나이가 더 들면 저렇게 변하려나 싶은 생각이 든다. 식사를 하는 동안 비가 그치기를 바랐지만 전혀 그칠 기미가 안 보인다. 일단 신발 끈을 단단히 매고 모두 받아들이자는 마음으로 밖으로 나왔다.

갈리시아 지방에 온 뒤로는 숲길을 자주 걷게 된다. 높다란 나무들 사이의 숲길을 따라 한참을 걸으니 언덕을 오르게 된다. 토마스는 벌써 지쳤나 보다. 숨이 찬지 스틱에 몸을 기대고 숨을 몰아쉰다. 쉬는 간격도 점점 잦아지고 있다. 체력이 떨어진 게 눈에 보인다. 걱정스러워서 괜찮은지 물으면 조금 지나면 괜찮아질 거라며 염려하지 말라고 한다. 다른 순례자들도 걱정스런 눈빛으로 기운 내라고 격려를 하며 지나간다. 토마스도 이 사람들에게 이따가 보자고 활기차게 대답한다.

나이를 생각해야 하는데 내 속도에 맞춰서 가려고 하는 토마스가 안쓰럽기만 하다. 내 눈빛을 느꼈는지 토마스가 조금 힘들긴 해도 아직 걱정할 정도는 아니라며 웃어 보인다. 얼른 평지가 나타나면 좋겠다는 생각이 간절해진다. 그나마 다행스러운 것은 흙이 황토가 아니어서 신발에 달라붙지는 않는다. 나바라 지역에서는 조금만 땅이 젖어도 신발에 흙이 들어붙어서 계속 흙을 털어내도 자꾸 신발

이 무거워져 고생을 했었다.

　어느덧 날이 밝아온다. 언덕이 끝나갈 즈음에 위치한 동네에서 어제 이야기를 나눴던 네팔 아주머니를 다시 만났다. 위아래를 비옷으로 완전히 무장하고 있던 탓에 알아보지 못하고 "어디서 왔냐?"고 말을 건넸다가 어제 만나지 않았냐고 되물어서 무척 민망했다. 그녀는 어제 우리보다 한 마을을 더 가서 묵었다고 한다. 오늘도 여전히 발걸음이 씩씩하다. '덩치가 작으니 몸이 가벼워서 걷기가 더 수월한가?' 궁금해졌다. 토마스가 자꾸 뒤처지니 네팔 아주머니는 얼마 남지 않은 산티아고에서 다시 보자는 인사를 건네며 성큼성큼 걸어 나간다.

　한참을 오르내리다가 숲길을 벗어나서 조금 큰 도시인 아르수아 Arzua에 도착했다. 비가 계속 심하게 내려 옷도 다시 추스르고 잠시 쉬기 위해 식당이 있는 큰 건물 앞에서 발을 멈췄다. 비옷을 벗고 안으로 들어가니 식당을 비롯해 호스텔, 편의점 등이 갖춰져 있는 건물이다. 그때 호스텔에서 어떤 부부가 나오는 게 눈에 띄었다. 지금 출발을 하려는 것인지 지나가는 사람들에게 인사를 건네고 있다. 그러더니 콜택시가 도착하고 짐을 싣는다.

내가 이 광경을 지켜보고 있었더니 남자가 나에게 다가와 한국인이냐고 묻는다. 그리곤 와이프가 몸이 불편해서 일정상 차로 이동하게 됐다며 같이 가겠냐고 권한다. 순간 조금 당황했다. 처음 보는 사람이고 애초부터 차를 타고 이동한다는 건 생각조차 해보지 않았기 때문이다. 괜찮다고 먼저 가시라고 대답했다. 아무렇지 않게 나에게 같이 가자고 했던 걸 보면, 이 사람들은 중간 중간 차를 타고 이동했던 게 아니었을까? 차를 타고 이동할 거면 굳이 왜 순례자 길을 택해서 온 것일까 조금 씁쓸해진다. 또 본인들이 쉽게 가는 길을 비 맞으며 고생스럽게 걸어온 나를 보고 안쓰러워서 같이 타고 가자고 권한 것일까 하는 생각도 들었다. 이 나이에 비 맞고 걸어가는 내가 궁상맞아 보일 수도 있겠지만 나는 반드시 걸어서 이 순례를 마치겠다고 속으로 다짐했다.

바게트 샌드위치랑 콜라를 먹으니 기운이 좀 난다. 잠깐 쉬는 동안 비도 그치기 시작했고 토마스도 기력이 났는지 걸음을 재촉한다. 오늘 새벽 내가 세웠던 계획은 오전에 부지런히 걸어서 일찍 여정을 마치고 쉰 다음, 내일 산티아고 대성당의 12시 미사에 참석하는 것이었다. 하지만 이런 상태로는 일정을 맞추기 어려울 것 같다. 또 토마스의 체력을 생각해서도 이쯤에서 헤어지는 것이 낫겠다는 판단이 섰다. 산티아고에 도착한 이후에도 나는 '세상의 끝'이라고 불리는 스페인 대륙의 서쪽 끝부분인 피니스테레Finisterre까지 3일 가량을 더 갈 계획이다. 느긋하게 여유를 부리며 갈 수 있는 상황이 아니다.

이런저런 생각을 하면서 마음을 정리하며 걷는 사이 산토 도밍고 드 라 칼자다Santo Domingo de la Calzada에 닿았다. 토마스에게 의향을 물어보니 근처 알베르게에서 머물겠다고 한다. 계속 같이 다니면 좋겠지만 토마스가 많이 지쳐있고, 나는 원래 계획대로 하고 싶다는 의사를 전했다. 토마스는 여전히 같이 머물기를 바라는 눈치였다. 내가 토마스에게 도움이 되고 있다는 생각에 많이 미안했지만, 산티아고 대성당 미사 시간을 맞추려면 일정을 더 이상 늦추기 어려워 혼자서 발걸음을 재촉했다.

아직 오후 3시라서 날씨만 허락한다면 2시간 정도는 충분히 더 갈 수 있다. 뻬드로우소pedrouzo까지 가볼 계획으로 속도를 내기 시작했다. 그곳에 도착하면 산티아고까지 23.6km를 남겨놓게 된다. 1시간가량 걸었을까? 또 비가 내리기 시작한다. 비가 오면 아무래도 표지판도 잘 안 보이고 걷는 속도도 느려진다. 서둘러 알베르게를 찾아 들어갈 생각으로 발걸음을 재촉했다. 산티아고까지 15~20km 정도 남겨 놓게 되는데 어제 지도에서 보니 산티아고 근처 약 10km 전에는 알베르게가 없었다. 그런데 아무리 봐도 알베르게가 나타나지 않는다.

어느덧 오후 5시가 다 되었고 비도 점점 많이 내리고 있다. 겨우 조금 큰 마을에 닿았고 마을 중간쯤에 작은 호텔이 보인다. 문을 열고 들어가려니까 우의에서 물이 떨어져서 들어갈 수가 없어 문밖에서 종업원에게 알베르게를 물어보니 잘 모르겠다고 대답한다. 옆에서 듣고 있던 미국인이 종업원과 잠깐 이야기를 나누더니 호텔을 끼고 3㎞ 정도 가면 알베르게가 나온다고 알려준다. 3㎞라면 40분 정도면 갈 수 있는 거리다. 서둘러 가보자는 마음으로 다시 길을 나섰다. 그런데 어째 산길로 들어서는 게 심상치 않다. 점점 산속으로 가게 된다. 이런 순간이면 정말 나 자신이 고행하는 수도자 같다는 생각에 빠져들게 된다.

'그래 가보자! 여기도 주님이 인도하는 곳이다'라고 마음을 다 잡았다. 비는 그칠 기미가 없고 어두움이 내려앉기 시작한다. 내 예상과 달리 막바지에 다다를수록 힘들어진다는 느낌이 든다. 아니다. 난 아직 지치지 않았고, 더 힘을 낼 수 있다. 인생이란 것도 힘이 들 때는 아직 끝이 아니기 때문일 것이다.

"알렐루야!" 언덕 위에 멋지게 지어진 호스텔이 보인다. 살짝 문을 열고 물어보니 이곳에는 알베르게가 없다는 것이다. 이런! 벌써 1시간 넘게 왔는데 난감하지 않을 수 없다. 순간적으로 '여기서 묵을까?'라는 생각이 들기도 했다. 하지만 바로 마음을 고쳐먹었다. 지도를 볼 수 없어서 알베르게 위치를 물었는데, 더 가야 한다는 말밖에 알아들을 수 없었다. 별 수 없이 방향만 정확하게 물어보고 다시 길을 나섰다. 어두워지기는 했지만 아직 더 갈 수 있다. 부지런히 걸어보자. 오히려 선택지 없는 최악의 상황이 되니 갑자기 힘이 난다. 다행스럽게 이제 내려가는 길이다. 저 멀리 불빛들이 보인다.

토마스를 떼어내고 오더니 알베르게가 없는 지역의 트랩에 빠졌다는 생각이 들었다. '하루 더 빨리 간다고 뭐가 달라진다고 그랬을까?' 아무래도 자만심을 부렸던 나에게 주님께서 약간의 시련을 주시는 것 같다는 생각이 들었다. 그래도 '주님, 오늘 안으로 숙소를 찾게 해 주세요' 라고 기도를 하면서 걸었다.

굵은 빗줄기에 앞을 분간하기도 어려울 지경이다. 그런데 내 앞에 순례자가 한 명 보인다. 반가운 마음에 부지런히 쫓아갔다. 아주 자그마한 분이었다. 다가가 인사를 건넸는데, 의사소통이 잘 안된다. 폴란드에서 왔다는 것만 알아들을 수 있었다. 제법 연세가 있

어 보였다. 이 사람도 나와 같은 심정일 것이라는 생각이 드니, 같이 가기보다는 내가 먼저 가서 알베르게를 찾고 알려주는 것이 좋겠다는 생각이 들었다. 뒤를 돌아보면서 열심히 걸어갔다. 내가 그 사람 뒷모습에 반가운 마음이 들었던 것처럼 그 분도 내 뒷모습을 보면서 힘을 내어 올 것이라는 생각이 들었다. 계속 뒤를 돌아보면서 그 사람 모습이 보이는지 확인하면서 나아갔다.

그런데 갑자기 아무리 뒤를 돌아봐도 나타나질 않는다. 문득 주위를 살펴보니 어느 마을에 와 있는데, 표지판이 보이지 않는다. 어디선가 길을 잘못 들었나 싶으면서 맘이 덜컥 내려앉는다. 두리번거리고 있는데 때마침 지나가는 차가 있어 손을 들어 세웠다. 비가 오는데도 창문을 열고 열심히 설명을 해 준다. 뭔가 잘못되었다. 길을 잃은 것이다. 알려준 길로 나오니 여러 개의 갈림길이다. 이제는 완전히 어두워져서 방향을 잡기조차 어렵다. 다행히 또 다른 차가 지나간다. 찻길로 나가 손을 흔들면서 차를 막아섰다. 이번에도 친절하게 길을 알려준다.

알베르게는 바로 근처에 있었다. 알베르게 봉사자가 반갑게 맞아 준다. 몬테 델 고조Monte del Gozo에 있는 규모가 큰 알베르게다. 산티아고를 앞두고 제일 마지막에 있는 알베르게라고 한다. 벌써 7시30분이다. 거의 12시간을 걸어온 것이다. 방을 배정받고 있는데 뒤에 또 한 사람이 들어온다. 아까 그 폴란드 사람은 아니지만, 얼마나 반가운지 모르겠다. 둘이 같은 방으로 배정이 되었다.

알베르게에서 신문지를 얻어 신발 안에 넣어두고 따뜻한 물로 샤워를 했다. 이루 말 할 수 없이 행복하고 포근하다. '주님! 감사합니다. 제가 자만을 좀 부렸지만 그래도 이렇게 지붕 아래 몸을 누일 수 있게 해 주셨군요. 내일 산티아고 데 콤포스텔라산티아고 대성당가 기대됩니다.'

바짝 긴장하고 있어서인지 배고픈 줄도 모르고 있었다. 식당도 규모가 제법 크다. 시간이 늦어서 다른 메뉴는 없어서 샌드위치만 하나 사먹었다. 그런데 주방에 가보니 완전 별천지다. 쌀이며 양념, 여러 가지 음식재료가 많다. 얼른 밥을 하기 시작했다. 간장도 있어서 야채를 넣고 볶았다. 허기진 줄 몰랐는데 입 속으로 밥이 들어가니 '이게 천국이구나!' 싶다. 그러고 보니 마지막 알베르게에는 먹을 재료가 많이 있다는 정보를 읽은 기억이 난다. 혼자서 맛있게 실컷 먹었다. 배가 부르니 갑자기 피로가 쓰나미처럼 밀려온다. 정말 기나긴 하루였다.

10월 18일. 나에게 역사적인 날이다. 드디어 산티아고 데 콤포스텔라에 들어서는 날이다. 프랑스 생 장 피드포르에서부터 26일 만에 입성하는 거다. 어제까지 쉬지 않고 내리던 비도 말끔히 개었다. 어제 저녁에는 어둡고 비가 와서 잘 몰랐는데, 밖에 나와 주위를 둘러보니 지금까지 묵었던 알베르게 중 가장 큰 규모다. 어제 저녁 주변을 한참 빙빙 돌다가 겨우 뒷문을 찾아 들어간 것이었다. 원래 산에서 길을 잃으면 바로 코앞에 두고도 헤매기 십상이다. 어제가 바로 그런 경우였다.

활기찬 발걸음으로 산티아고를 향해 나아간다. 다른 순례자들의 발걸음도 가벼워 보인다. 몬테 델 고조에서 언덕을 내려와 산티아고 시내에 들어섰다. 어쩌다 보니 그렇게 됐지만, 어제 무리해서 걸었던 덕분에 오늘 아주 가뿐하게 도착해 버렸다. 목적지를 바로 앞에 둔 덕분인지 마음도 평소보다 훨씬 가볍다. 사방에서 배낭을 멘 순례자들이 모여들고 있다. 내 걸음이 빨라진다. 마지막 이정표들이 또렷하게 눈에 들어온다. 어제는 그렇게 보이지 않더니, 아마도 주님께서 이제야 보여주시나 보다. 말끔하게 포장된 길을 따라 3km 정도를 더 걸어서 드디어 산티아고 데 콤포스텔라Santiago de Compostela에 도착했다.

"알렐루야!" 무심결에 내 입에서 튀어나온 한마디였다. 지금까지 본 성당들과는 규모와 엄숙한 위엄을 갖춘 분위기도 다르다. 성

당에 들어서서 조용히 자리에 앉아 기도를 드렸다. "주님 감사합니다!" 나도 모르게 눈물이 흘러내린다. 건강하게 아무 탈 없이 도착하게 해 주신 것에 그저 감사할 따름이다.

미사가 시작하려면 아직 여유가 있다. 성당 옆에 있는 순례자사무소에서 줄을 서서 순례증명서를 발급받았다. 마주치는 사람 누구에게나 반가움이 느껴진다. 다들 환한 얼굴로 축하 인사를 나누고 있다. 까미노에서 만났던 친구들도 보인다. 포옹을 하며 기쁜 마음을 같이 나눴다. 이 소식을 가족들에게 전하고 싶어 서둘러 와이파이가 되는 곳을 찾아 집에 전화를 걸었다. 내 소식을 듣자마자 집사람도 감격스러운 소식을 알려준다. 큰 아이가 학교에서 상상해 본 적도 없었던 성적을 받았다는 것이다. 그동안 부족한 공부를 보충하느라 아이가 너무 고생을 한 터라 성적이 올라서 자신감을 가질 수 있길 바랐는데… 갑자기 목이 메어온다. "우리 딸 수고했다! 장하다!" 그 말밖에 나오질 않는다. 처음 성적표를 받아들고 흥분했을 집사람 모습이 눈에 선했다.

미사 시간이 되어 서둘러 성당에 들어서니 자리가 꽉 찼다. 겨우 뒷자리에 자리를 잡고 보니 서 있는 사람들도 꽤 많다. 인상적이었던 것은 산티아고 대성당의 특이한 분향 예식이었다. 커다란 향로를 성당의 앞뒤에서 흔드는데, 그 규모가 얼마나 장엄한지는 직접 보지 않고는 알 수 없다. 향로가 거의 천정 끝까지 왔다 갔다 한다. 사람들 모두 사진이나 동영상을 찍느라 정신이 없다. 이 현장을 같이 하면서

나는 속으로 기도를 올렸다. '주님 이것을 보여주려고 하셨군요. 여기에서 제 가슴에 새겨진 감동은 평생 잊지 못할 것입니다.' 미사 중간 즈음 땀을 뻘뻘 흘리면서 성당 안으로 들어오는 사람이 보였다. 아! 토마스다. 미안함과 고마움, 반가움 등 여러 감정이 교차한다.

내가 이곳에 있다는 감격스러운 마음에 미사가 어떻게 흘러갔는지도 모르게 순식간에 끝이 났다. 미사가 끝나고 토마스와 반갑게 인사를 나누고 같이 사진을 찍었다. 성당 마당에서 축하를 주고받으며 자신들의 성취를 기뻐하고 대견해하는 순례자들의 모습을 바라보고 있으려니 뭔가 다 끝난 기분이 들었다. 불현듯 어디로 가야하나 잠시 생각에 빠졌다. 그 순간 또 다른 무언가가 내 가슴 속에서 시작되는 듯한 느낌이 들었다.

'하느님! 산티아고 순례를 계획하고, 준비하고, 실제로 행하게 해 주신 모든 은혜에 감사드립니다. 이곳에서 감사하고 영광스러운 마음으로 지내면서 제 인생을 돌아볼 수 있는 기회를 주심에 또 한 번 감사를 드립니다.'

그리고 순례 기간 내내 내 머릿속을 떠나지 않았던 성경 구절을 나직이 읊조려 보았다.

"너희의 빛이 사람들 앞을 비추어, 그들이 너희의 착한 행실을 보고 하늘에 계신 너희 아버지를 찬양하게 하여라."

- 마태오복음 5장16절

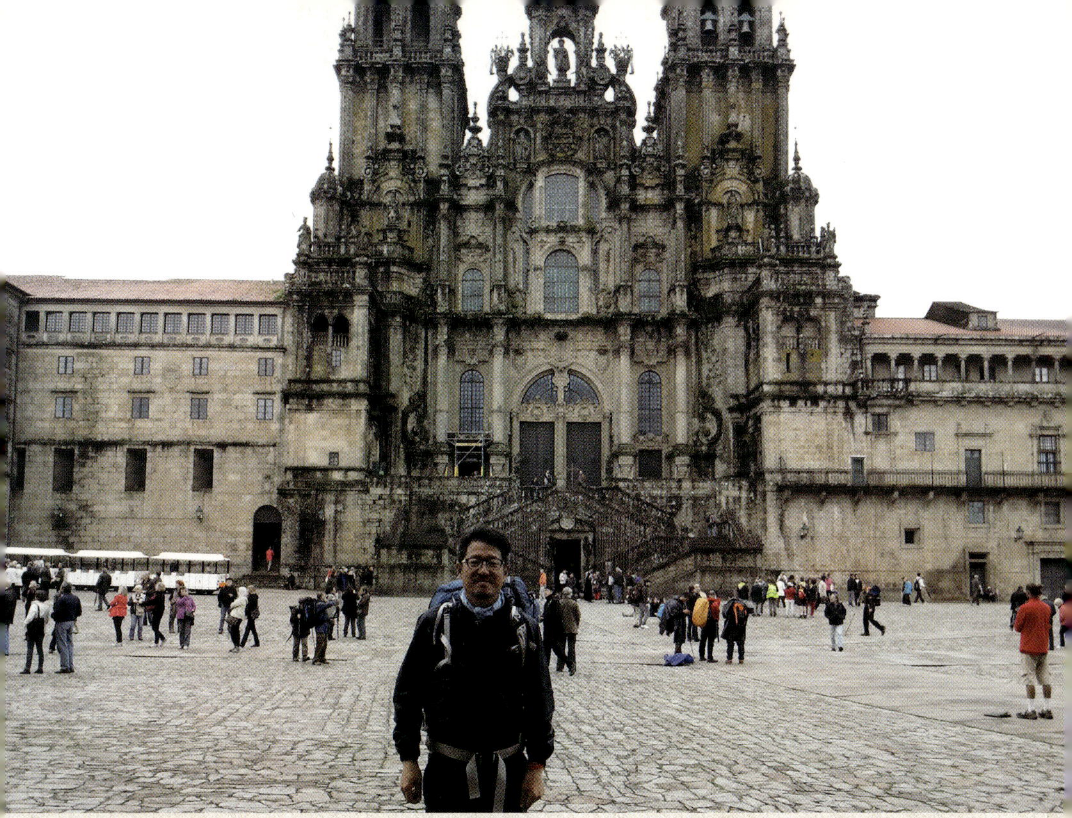

CARNET DE PÈLERIN
DE SAINT-JACQUES

"Credencial del Peregrino"

délivré par :

Les Amis du Chemin de Saint-Jacques
Pyrénées-Atlantiques

Camino Francés

다시
산티아고로

지난번에는 혼자 왔고 이번에는 같이 왔다.
그래서 혼자만 느끼는 것이 아니라 같이 느낄 수
있어 이것 또한 하느님의 역사라는 생각이 든다.
지금은 하늘에서 이 이야기를 보고 있을
양현주 글라라에게 이 글을 바친다.

오래된 숙제를 하나 마치게 되었다. 지난번 산티아고 순례에서 약속한
아내와 같이 다시 산티아고를 가는 것이었다. 나는 시간이 안 되고 아내는
건강이 안 되어 걸어서는 못가지만, 어떻게든 다녀오기로 마음먹었다. 아
내는 공기 좋은 곳에서 요양 겸 독일에 사시는 이모님 댁에 가서 몇 달을
같이 지내고 오면 좋겠다는 의견을 냈다. 나중에 나와 함께 귀국하는 일정
으로 비행기 표부터 예약하였다. 그러나 이런저런 사정으로 결국은 함께
갔다 오는 일정이 되었다.

　독일은 가톨릭과 개신교가 반반이라서 성당처럼 보여도 개신교 교회가 많은 곳이다. 여기서도 까미노의 표지판이 여기저기 보인다. 이모님 댁 근처에도 성지가 여러 군데 있어 몇 곳을 다녀왔다. 아직은 알려지지 않은 곳이라서 아는 사람들만 다녀간다고 하신다. 우리나라 영월의 한반도 지형과 비슷한 동네가 있다는 것도 인상적이었다.

　이번에는 몇 군데만 여행을 하려고 했는데 여건이 만만치 않았다. 여러 가지 길을 고민하였지만 유럽의 상황이, 특히 프랑스의 상황이 만만치 않았다. 유럽의 대홍수로 인해 프랑스는 루브르 박물관이 휴관을 하고, 유로 2016 축구대회 개최국 프랑스는 물론 유럽 전역이 들썩이고 있었다. 거기에 최악의 파업까지 가세해 거의 여행을 할 수 없는 지경이 되어 버렸고, 곳곳에서 예측이 불가능한 파리는 갈 수 없었다.

그래서 독일 프랑크푸르트에서 포르투갈의 포루토로 가려 했다. 그런데 뭐가 꼬이려고 했는지 저가항공 비행기 표에서 문제가 생겼다. 밤중에 표를 예약해준 둘째 동서가 저가항공이라 조금만 문제가 있어도 탑승이 안 된다는 연락이 온 것이다. 무엇이 문제인가 보니, 우리의 국적을 대한민국이 아니라 무심코 북한으로 입력했다는 것이다. 이것을 해결하는 방법은 인터넷으로는 안 되고 일찍 공항에 나가 데스크에서 확인을 받아 정정해야 된다는 것이다.

다음날 새벽에 처제가 공항으로 가 데스크에 이야기하니 대수롭지 않게 말한다. 괜찮다는 것이다. 다행이다 싶어 바로 포르투갈로 향했다. 포루토에 도착해서 우선 파티마로 향했다. 버스로 1시간정도 거리에 있는 파티마에 도착했다. 성모님이 발현했던 파티마는 매우 한적한 지방이었다. 우선 숙소를 파티마대성당 근처의 호텔로 정하고, 파티마대성당의 곳곳을 다녔다. 광장이 인상적이었다. 거기는 매년 성모발현일이 되면 세계 각지에서 천주교신자들이 모여드는 곳이다.

점심 무렵 광장 중간에서 드리는 미사가 있어 함께 미사에 참석했다. 역시 세계 각지에서 모인 순례자들과 방문객이 드리는 미사라 신부님들도 여러 나라에서 오신 분들이 함께 하고 있었다. 우리 부부는 성당의 이곳저곳을 돌아다니면서 절실하게 치유의 기적을 바라면서 생명의 물도 함께하였다. 글라라의

병이 여기서 나아지는 기적을 마음속으로 빌어본다.

며칠을 파티마에 있으면서 기도와 휴식을 갖는 일정으로 왔지만, 여행이라는 게 사람의 마음을 움직이게 한다. 결정적인 것은 파티마에서 산티아고로 가는 직행버스가 있다는 것이다. 그래서 집사람에게 물어보았더니 선뜻 가자고 한다. 차편이 하루에 하나밖에 없고, 6시간 정도 걸린다고 한다. 걱정이 좀 되지만 산티아고를 갈 수 있는 좋은 기회이기도 했다.

새벽에 나가 버스정류장에서 한국 분들을 만났다. 이분들은 벌써 산티아고 순례를 마치고, 한 분은 리스본으로 여행을 가는 분이고, 중년의 여성분은 우리와 함께 산티아고로 돌아가는 분이었다. 차안에서 산티아고 이야기를 나누다보니, 산티아고 관련 책을 읽었다고 하는데 내가 아는 이야기가 나와 혹시 『그 길에서면 알게 되는 것들』이냐고 물어보니 그렇다고 한다. 핸드폰에서 책을 보여드리니 맞다 하신다.

서로 놀랐다. 길음동성당을 다니시는 자매님으로 혼자 오셨다고 한다.

괜찮으셨냐고 하니 처음에는 힘들었는데 막상 와서 다녀보니 다닐 만 했다고 한다. 얼굴에 자신감이 넘치는 얼굴이다. 이런저런 이야기를 하면서 같이 오게 되니, 이것도 산티아고 가는 길의 만남인 것 같다. 비록 차를 타고 가면서의 만남이지만 까미노에서 걸어가면서 만나고 헤어지는 것과 너무도 같은 것 같다. 서로의 이야기와 여기서 느낀 것을 공유하면서 해맑은 미소가 아름다운 길 까미노가 아닐까 생각한다.

산티아고 성당에 도착하니 길은 전과 같은데 4년 만에 다시 본 산티아고는 많이 달랐다. 우선 성당의 주탑이 보수 중이었고, 순례자가 많이 늘어났다. 산티아고 순례증명서를 받는 곳도 옮겨져 있다. 집사람에게 순례자 여권을 만들어 주었다. 조가비도 하나 사서 목에 걸어 주었다. 잠시 표정을 보니 다시 걸어서 오리라는 각오가 넘치는 것 같았다. 그리고 약간 숙연해지는 것도 느꼈다.

숙소를 정해야 하는데 어디로 갈까하다 마침 한국인이 운영하는 알베르게가 생겼다고 해서 연락을 해보니, 오늘은 자리가 없고 내일을 자리가 있다고 하여 예약을 하였다. 오늘은 자매님이 수도원을 개량한 1인실 숙소로 가신다고 하면서 추천해주서서 같이 가 보았다. 그러나 2인실은 없다고 하여 우리는 호텔에 묵었다. 그리고 순례자들의 미사인 10시 미사에 참석했다. 이번에는 좀 일찍 가서 호텔의 박물관을 둘러보고 미리 자리를 잡았다. 지난번에는 여유 있게 미사를 드렸다고 생각했는데, 이번에는 자리가 일찍부터 차기 시작하였다.

역시 산티아고 대성당의 미사는 참 감동적이다. 우리는 800킬로를 걸어

오지는 않았지만, 지구의 반을 돌아 온 것이 순례자의 심정과 같은 느낌이다. 지난번에는 혼자 왔고 이번에는 같이 왔다. 그래서 혼자만 느끼는 것이 아니라 같이 느낄 수 있어 이것 또한 하느님의 역사라는 생각이 든다. 다른 하나는 이번 여행으로 기적이 일어나길 간절히 빌었다. 알 수 없는 눈물이 난다. 기도와 미사가 끝나갈 무렵 산티아고 대성당의 분향이 시작 된다. 지난 번에는 자리가 마땅치 않아 제대로 촬영을 못해 잘 보여주지를 못했다. 역시 분향을 드리는 것은 최고였다.

길음동성당 자매님을 만나 점심을 같이 했다. 대성당 주변의 골목골목이 예전의 기억도 있고 해서 순례자 메뉴를 같이 했다. 조금 가격은 올랐지만 역시 가성비는 최고였다. 그렇게 자매님과도 헤어질 시간이 되었다. 우리는 한국인이 운영하는 알베르게로 가고, 자매님은 서울에서 만나자는 약속과 함께 귀국하기 위해 공항으로 가셨다.

한국인이 운영하는 알베르게는 외곽에 있는 곳이어서 첫날은 픽업을 오셨다. 알베르게에서 순례를 마친 여러분들과 함께 식사를 하였다. 한식을 먹으며 한 프랑스 길, 북쪽 길, 포르투갈 길을 다녀오신 분들의 이야기는 밤을 새도 모자를 것 같았다. 다양한 분들이 다양하게 느끼는 곳, 여기가 산티아고 가는 길에서 만나는 사람들이다. 한결 같이 얼굴에는 해맑은 미소와 무엇인가 해냈다는 자신감이 있는 모습이다. 그렇게 새로운 산티아고의 밤이 깊어갔다.

지금은 하늘에서 이 이야기를 보고 있을 양현주 글라라에게 이 글을 바친다.

산티아고 가는 길 –
준비사항

최근에 들어 우리나라에서도 다녀오시는 분이 많지만 느낀 감정들은 다 다를 것이라고 생각한다. 그만큼 산티아고 가는 길은 특별하다. 도보로 가거나, 자전거를 타고 가거나, 차편을 이용하거나 각각 다른 방법으로 산티아고 순례를 하면서 분명 모든 사람들이 느끼는 감정은 다양할 것이다. 또한 종교가 있는 사람과 그렇지 않은 사람은 또 다른 각도에서 산티아고를 느낄 것이다.

가끔 성당에서 내가 쓴 글을 잘 읽고 계신다는 분을 만나게 되면 얼굴이 화끈거리기도 했으며, 간혹 저도 갔다 올 수 있나요, 하고 질문하시는 분들이 있다. 저는 누구도 다녀 올 수 있습니다, 하고 말씀을 드린다. 이렇게 다양하게 즐길 수 있는 '산티아고 가는 길'로 순례를 떠나고자 하는 분들에게 도움이 되고자 준비사항과 정보를 나의 경험을 토대로 소개하고자 한다.

1. 마음가짐

처음 산티아고 순례를 마음먹었을 때는 너무나도 많은 생각과 두려움이 있었다. 왜냐하면 우선 처음 여행하는 곳의 언어와 또한 교통편, 숙소, 체력, 비용 등에 대한 정보는 서점이나 인터넷에 잘 나와 있기는 하지만 '과연 이 여행이 나에게 가능할까?' 하는 생각이 들었다. 게다가 동행이 있다면 모르지만 혼자서 가는 경우에 더하다. 그러나 나는 과감하게 단언한다. 두려워하지 마라! 가면 모든 것이 해결된다. 내가 가야할 곳이 명확하기에 어려움이 없다. 산티아고 가는 길은 여러 가지 경로가 있다. 경로를 정하면 무조건 고고씽~~

길을 벗어날 수도 있고, 중간에 다른 곳을 거쳐서 갈 계획이 있다면 그렇게 하면 되고, 다시 그 지점에서 시작하면 된다. 그래서 경로를 정확하게 정하면 된다. 프랑스길, 은의 길, 북쪽 길, 포르투갈 길 등등 여러 가지 길이 있으며, 심지어는 유럽대륙을 횡단하는 길까지 무수한 경로가 있다.

그 길에 들어서게 되면 두려움보다는 긍정적이고 서로 도와주려는 마음에 친구가 많이 생긴다. 우리나라 사람들은 물론이고, 외국인들과도 자연스럽게 어울리게 된다. 물론 스페인어를 알고 있다면 그 길에서 더 많은 것을 경험 할 수 있다. 그래도 걱정하지 마라. 거기서 만나는 친구들이 알려주는 정보만으로도 우리는 벌써 그 길에서 훌륭한 가이드와 생생한 정보를 얻게 된다. 단, 나의 고정관념과 두려움만 버리게 된다면.

2. 준비물

여기에서 열거하는 준비물은 나의 기준에서 필요한 부분만 설명하고자 한다. 여행경험에 따라 필요한 것들이 다르고 관심사에 필요한 것들이 달라지게 된다. 산티아고 가는 길을 걸어서 가고자 한다면 배낭의 무게나 소지품들을 조금은 효율적으로 준비할 수 있도록 한 번 생각해 보고 장만하면 좋겠다는 생각에서 경험을 공유하는 차원이다.

:: 교통편

우선 유럽으로 가는 비행기 표와 유럽에서 이동하는 기차표 등을 준비할 때 충분한 기간을 두고 날짜를 정하면 상당히 저렴한 표를 구할 수 있다. 다른 나라 항공편을 이용할 경우 우리나라 항공사보다 거의 반값 이하에도 구할 수 있다. 그렇지만 시간과 경유지가 있고 날짜를 변경할 수 없는 불편함을 감수할 필요가 있다. 교통편도 미리 한국에서 구입하는 것이 현장에서 구입하는 것보다 저렴하게 살 수 있어 경험자나 여행 전문가들의 조언을 받는 것이 좋겠다. 다시 한 번 강조하지만 꼭 가고자 한다면 날짜를 정하고 비행기표를 구입하면 그날부터 준비가 본격적으로 시작될 것이다.

:: 후유증

산티아고 대성당에 도착하면 새로운 기분도 느끼게 되지만 갑자기 목표를 달성한 후에 생기는 공허감이 나타날 수 있다. 산티아고에서 하룻밤은 여러 가지를 생각하게 한다. 그 당시 서쪽 끝이라는 피에스테라와 마드리드 등을 방문한 후 귀국을 하였지만, 가급적이면 순례 전에 여행을 하기를 권한다. 왜냐하면 일종의 정신적인 방황을 겪게 될 수 있다. 그래서 다른 일정을 소화하기도 어렵고 빨리 집으로 가고 싶은 생각이 들게 한다. 이를 잘 극복하는 것도 중요하다. 그리고 신체적으로 겪는 어려움도 있을 수 있다. 걸어서 전체를 다닌 경우 체중은 10㎏ 정도 감소될 수 있다. 그 길에서는 모르지만 휴식에 들어가면 몸살이 생긴다. 약 1개월간 체력을 회복하는데 고생을 할 수 있다. 그래서 너무 빨리 다니는 것도 좋은 방법은 아니다. 추천하는 기간이 34일 정도인데 나는 26일만에 다녀왔다. 순례 중에는 발바닥에 아무 문제가 없었다. 쉬는 중에 발바닥 전체가 굳은살이 생기는 것을 경험했다. 몸이 정상적으로 돌아오기까지 모든 것이 귀찮을 정도로 무기력한 상태에 빠질 수 있다. 잘 극복하는 것도 순례의 마무리다.

:: 여행자여권

보통 크레덴셜이라고 하는데 까미노에서만 이용되는 여권이다. 가면서 세요라는 스탬프를 받게 되는데 그 길에서는 중요하다. 나중에 순례증명서를 받는 근거가 되고, 알베르게에서 묵을 수 있는 증명이다. 보통 국공립 알베르게를 이용할 경우 저렴한 가격에 하루만 묵을 수 있고 이틀은 묵지 못한다. 이럴 경우 사설이나 호스텔 등을 이용하면 된다. 까미노가 시작 되는 곳에 발급 사무소가 있으며, 중간 중간에서도 발급 받을 수 있다. 보통은 알베르게나 성당에서 안내를 해준다.

:: 옷

어느 계절에 순례를 하게 되느냐에 따라 달라지지만 보통 기능성 의류를 갖추는 것이 좋다. 세탁하기 간편하고 빨리 말릴 수 있는 옷이면 좋다. 속옷이나 양말은 중간 중간 세탁을 한다고 생각하면 그렇게 많이 가져갈 필요는 없다. 혹시 중간에 필요하면 살 수도 있으니 너무 많이 준비하지 않는다.

:: 배낭

배낭은 보통 자루처럼 생기고 배낭 위에 뚜껑이 있는 것으로 준비하는 것이 좋다. 그래야 중간에 침낭이나 옷가지를 끼워 넣고 가기가 편하다. 내 경우는 뚜껑이 없는 것이어서 중간에 끈들로 대롱대롱 매달고 다녀야 하고 빗물을 피하기에도 좋지 않았다. 방수는 당연히 되어야 하고 비닐 봉지를 갖고 다니면 비가 오는 날에 옷가지를 비에 젖지 않게 하거나 마르지 않은 옷가지를 넣어가지고 다니는데 편리하다. 보통 하루에 걷는 거리는 20~30㎞ 정도가 적당하고 혹시 길을 잃거나 알베르게가 없을 경우 40㎞ 정도를 간다고 생각하면 배낭은 너무 무겁지 않도록 하는 것이 바람직하다.

Tip 보통 10kg 내외가 적당하다

:: 침낭

침낭은 반드시 가져가야 할 필수품이다. 어느 알베르게에서도 이불은 제공되지 않는다. 계절에 따라 달라지지만 추천할 것은 오리털이나 거위털로 되어 있으면서 부피가 어른 주먹만 한 것들이 있다. 그래야 부피도 줄이고 춥지 않게 잠을 잘 수 있다. 나의 경우는 캐시미어 솜으로 누빈 것을 갖고 갔었는데 다른 친구들의 침낭을 보고 제일 부러웠다. 짐을 꾸리는데 침낭이 항상 가장 많은 부피를 차지하게 된다.

:: 등산화, 등산 스틱

등산화는 미리 구입하여 자기 발에 맞도록 적응을 시키는 것이 중요하다. 좋은 것 보다는 편한 것으로 준비하라고 추천한다. 나의 경우 고어텍스로 비싼 것은 아니었지만 비에 흠뻑 젖었을 때에도 빨리 발수가 되어 지장이 없었다. 신발로 고생하는 분들을 까미노에서 많이 볼 수 있었다. 가급적 발목까지 오는 신발을 추천하고 싶다. 발이 까지거나 물집이 잡힐 때는 평지에서는 샌들을 신고 다니는 모습도 종종 보게 된다. 그리고 발이 까지거나 물집이 잘 잡히는 분들은 이를 방지해 주거나 쓰리지 않게 하는 보조용품도 준비하면 좋다. 편한 샌들도 있어야 알베르게나 쉬는 곳에서는 발을 편하게 할 수 있다. 등산 스틱은 중요하다. 스키스틱처럼 생긴 것이 편리하다. 걸을 때 다리의 피곤을 덜어준다. 혹시 필요한 경우 호신용으로 사용할 수도 있다.

:: 기타

비상약품이 필요하다. 개인에 따라 꼭 필요한 약품은 한국에서 조제하여 갈 필요가 있다. 스페인도 약국들이 많지만 개인의 특별한 사정을 설명하기는 어려울 것 같다. 필요한 경우 병원도 다녀올 수 있지만 번거로울 수 있다. **그리고 스마트폰도 필수다.** 스페인은 와이파이가 잘된다. 실시간으로 자기 블로그나 홈페이지에 소식을 전할 수 있다. 또한 카톡, 마플, 네이버 등으로 지인들과 연락도 얼마든지 가능하다. 또한 카메라도 좋은 기능을 갖춘 것이라면 상당히 무게를 줄일 수 있다. 요즘 스마트폰은 작품사진이 아니라면 별도의 카메라가 있을 필요가 있나 하는 생각이 들 정도로 카메라 성능이 좋다. **햇빛이 강해서 모자, 썬글라스, 썬크림은 필수품이다.**

음식 중에 나는 꼭 한식을 먹어야 한다는 경우가 아니고서는 스페인 음식이 괜찮은 편이다. 필요하다면 라면스프를 준비해 가면 요긴하게 쓸 수 있다. 음식에 대해서는 스페인의 올리브유와 식초, 바게트 빵의 진정한 맛을 볼 수 있는 기회가 되고 특히 와인이 매우 저렴하다. 비싼 것도 있지만 일반적으로 2~3유로면 멋진 와인을 맛볼 수 있다. 그리고 요즘 여행상품으로도 나와 있는 것을 보면 비행기부터 숙소까지 마련해 주고 짐도 정해진 목적지까지 날라다 주는 것도 있다. 순례기 중간에 언급된 적이 있지만 차를 대절해서 다니는 스페인 단체여행단을 만난 적이 있다. 아마 어쩌면 한국인이 운영하는 알베르게가 있을지도 모를 일이다.

3. 사이트

naver카페 (내가 주로 가입해서 많은 정보를 얻은 카페이다.)
까미노의 친구들의 연합, 산티아고 대학인 순례자 협회, 까미노

그 외에도 검색어로 산티아고 가는 길, 까미노, 산티아고 데 콤포스텔라, 순례자의 길 등을 검색하면 많이 얻을 수 있는 곳을 발견하게 될 것이다. 그중에서 필요한 것을 메모하거나 담아두면 요긴하게 쓸 수 있는 정보가 된다.
아래의 외국 사이트도 까미노 지도, 날씨 알베르게 등등 유용한 정보를 제공하고 있다.

http://www.csj.org.uk
http://www.mundicamino.com
http://www.santiago-compostela.net
http://www.pilgrimage-to-santiago.com
http://www.elcaminosantiago.com

4. 관련서적

관련 서적들 또한 너무 많이 나와 있다. 많은 분들이 책을 발간해서 고르기가 쉽지 않은데 거의 비슷하게 전개하고 있다. 한권 정도는 읽어 보고 꼭 필요한 책을 구입하기 바란다. 책을 고를 때는 최근 발간된 책을 중심으로 고르는 것이 좋다. 나처럼 개인적인 느낌을 갖고 쓴 기행문보다는 각 지방의 특색과 정보 위주를 쓴 책이 유용하다. 요즘은 최신 도로의 지형까지 소개 되고 있어 길을 잃어 버렸을 때나 전체 일정을 계획할 때 매우 유용하다. 순례자의 느낌을 알기 위해서는 파울로 코엘류의 『순례자』를 일독하기 바란다. 그래서 그런지 그 길에서는 브라질 사람들을 꽤 많이 만날 수 있다.

Iacobeum Studiorum
Universitatum Testimonium

Alumnorum Navarrensium sodalitas, devotionis erga Sanctum Iacobum participe, quam via ad sepulcrum Apostoli per peradratas gentes regionesque sparsit et auxit, Iacobeum Studiorum Universitatum Testimonium, Christianae peregrinationis spiritu documentum, quod magnae litterarum disciplinarumque sedes imbuuntur, edidit

LEZ CHEOL SOO

COREA DEL SUR   30319

SAINT JEAN PIED DE PORT   XVIII octobris MMXII

Yonsei University

quisquae apostolicum iter ✝pedibus✝ / ✝equitatu✝ / ✝equo✝ / aliter conficit per Studiorum Universitatem Sancti Iacobi vias accedentes, quarum invistatam atque hodiernam cooperationem grati animo probavit.

Pro Alumnorum   Consignum
Navarrensium Sodalitate   Nomine Officino

CAPITULUM hujus Almae Apostolicae et Metropolitanae Ecclesiae Compostellanae sigilli Altaris Beati Jacobi Apostoli custos, ut omnibus Fidelibus et Peregrinis ex toto terrarum Orbe, devotionis affectu vel voti causa, ad limina Apostoli Nostri Hispaniarum Patroni ac Tutelaris **SANCTI JACOBI** convenientibus, authenticas visitationis litteras expediat, omnibus et singulis praesentes inspecturis, notum facit: DMM CHEOL SOO LEE hoc sacratissimum Templum pietatis causa devote viritasse. In quorum fidem praesentes litteras, sigillo ejusdem Sanctae Ecclesiae munitas, ei confero.

Datum Compostellae die 18 mensis OCTOBRIS anno Dni 2012 .

Canonicus Deputatus pro Peregrinis